清华
开发者书库·Python

网络爬虫案例教程

Python·微课视频版

韩莹◎主编   袁静◎副主编

清华大学出版社

北京

内 容 简 介

本书是为"数据采集与清洗"课程编写的教材,内容以实战为主,几乎所有章节都以案例方式展开,文字简单,通俗易懂。

本书共 11 章,主要讲解了 Requests 库,XPath 语法,JSON 数据爬取及解析,HTML 文档爬取及解析,Selenium 数据定位及模拟登录,Requests 与 Selenium 结合使用,异步爬虫技术,正则表达式以及简单的数据清洗。爬取的数据类型包括网页数据、JSON 数据、图片、音频及视频,以及这些不同类型数据的持久化保存。

本书适合作为大数据技术相关专业、信息类相关专业的本科或专科教材,也可供 Python 初学者、从事大数据挖掘的科技工作者参考。

图书在版编目(CIP)数据

网络爬虫案例教程:Python·微课视频版/韩莹主编.—北京:清华大学出版社,2022.11(2023.11重印)
(清华开发者书库·Python)

ISBN 978-7-302-61963-5

Ⅰ.①网… Ⅱ.①韩… Ⅲ.①软件工具-程序设计-教材 Ⅳ.①TP311.561

中国版本图书馆 CIP 数据核字(2022)第 181634 号

责任编辑:赵　凯
封面设计:刘　键
责任校对:郝美丽
责任印制:宋　林

出版发行:清华大学出版社
　　网　　　址:https://www.tup.com.cn,https://www.wqxuetang.com
　　地　　　址:北京清华大学学研大厦 A 座　　　邮　　编:100084
　　社　总　机:010-83470000　　　　　　　邮　　购:010-62786544
　　投稿与读者服务:010-62776969,c-service@tup.tsinghua.edu.cn
　　质量反馈:010-62772015,zhiliang@tup.tsinghua.edu.cn
　　课件下载:https://www.tup.com.cn,010-83470236
印　装　者:三河市天利华印刷装订有限公司
经　　销:全国新华书店
开　　本:185mm×260mm　　印　张:12.75　　　　字　　数:311 千字
版　　次:2022 年 12 月第 1 版　　　　　　印　　次:2023 年 11 月第 2 次印刷
印　　数:1501～2300
定　　价:59.00 元

产品编号:096597-01

前　言
PREFACE

现阶段,随着大数据和人工智能技术的研究不断深入发展,网络数据采集与清洗越来越具有较为广泛的应用范围。本书是为"数据采集与清洗"课程编写的教材,其内容选取符合教学大纲要求,以案例驱动展开,兼顾内容的广度和深度,适用面广。

本书的第 1 章主要阐述网络爬虫的基本概念、基本流程、爬虫合法性问题、反爬虫技术以及爬虫的预备知识。第 2～9 章主要讲解爬虫的各种技术,分别讨论 Requests 库、JSON 数据爬取、XPath 解析及网页数据爬取、IP 代理、Selenium 库、Selenium 与 Requests 结合使用、异步爬虫、正则表达式等基本技术的实现;爬取的内容包括 HTML 文档、JSON 数据、图片、音频、视频,以及这些类型数据的持久化保存。第 10 章讲解数据的简单清洗。第 11 章讲解一个综合案例,结合 Requests 和 Selenium,分别采用单线程和多线程实现对不同网站的数据爬取,并进行相应的数据清洗操作。

全书采用 Python 为主要描述语言。Python 是一种面向对象的高级通用脚本编程语言,其语法简洁,简单易懂。相比其他语言,Python 更容易配置,在字符处理方面灵活,并且在爬虫程序开发中具有先天的优势,是开发者的首选编程语言。Python 最初被用于编写 Shell(自动化脚本),伴随着版本不断更新以及语言新功能的加入,其作为爬虫编程语言优势更加突出。因此,越来越多的开发者选择 Python 用于大型爬虫项目开发。Python 自带有多种爬取模板,可以利用 Requests 和 Selenium 第三方库模拟人工浏览器访问的行为,实现起来便捷;爬虫程序爬取网页之后,需要对网页进行诸如过滤标签、提取文本等处理。Python 拥有简短的文档处理功能,能够用简短代码处理绝大部分文档。

从课程性质上来讲,"数据采集与清洗"是一门专业选修课,侧重于应用。它的教学要求是:理解互联网大数据采集的主要技术;掌握各种典型爬虫的技术原理、技术框架、实现方法、主要开源包的使用;理解对爬虫采集到的网页数据的处理方法及文本处理,并会使用 Python 进行技术实现。本书的学习过程通过案例驱动的方式展开,帮助读者贯穿爬虫、数据清洗的过程,培养读者掌握从互联网上采集数据的技术,能够独立完成数据采集和清洗工作,对培养学生的数据处理能力、信息分析与应用能力、信息表达能力具有重要作用,为后期的生产实习、毕业设计以及未来的工作奠定一定的实践基础。

本书内容以实战为主,适合高等院校相关专业的学生阅读,可以作为数据科学与大数据专业的本科或专科教材,也可以作为信息类相关专业的选修教材,也适合 Python 培训机构作为实训教材。讲课学时可设置为 30～40 学时。本书文字通俗,简单易懂,便于自学,也可供从事大数据处理等工作的科技人员参考。只需要掌握 Python 程序设计便可以学习本书。

配套资源

为了方便教学,本书配有微课视频、教学课件、源代码。

（1）获取微课视频方式:

读者可以先扫描本书封底的文泉云盘防盗码,再扫描书中相应的视频二维码,即可观看教学视频。

（2）其他资源可先扫描本书封底的文泉云盘防盗码,再扫描下方二维码,即可获取。

教学课件　　　　　　　　　　　源代码

目　录
CONTENTS

第1章

绪　　论

1.1　网络爬虫的基本概念

随着云计算和大数据技术的发展,大数据分析技术已开始应用在各行各业中。数据的采集和获取是大数据分析的第一步,越来越多的数据需要被搜索和存储。Google 公司宣称他们索引的网页数目已达到了 100 000 亿,中国的网页规模也超过了 100 亿,这对搜索引擎提出了更高的要求。网络爬虫是用户从互联网上爬取网络数据的有效工具,是搜索引擎的重要组成,它决定着整个系统内容的丰富性以及信息的即时性和时效性。

大数据时代,数据从何而来?

企业产生的用户数据:百度指数平台、新浪微博指数平台、163 浏览器指数平台等。

从数据交易平台购买数据:淘数据、数据堂、数多多交易平台、中关村数海大数据交易平台等。

政府或机构公开数据:中华人民共和国国家统计局数据、世界银行公开数据、联合国数据等。

数据管理咨询公司:埃森哲(中国)有限公司、科尔尼(上海)企业咨询有限公司、IBM 咨询等。

如果你在数据交易市场上未找到所需要的数据,或者不愿意购买,那么可以选择网络爬虫。

网络爬虫,又称网络蜘蛛、网络蚂蚁、网络机器人等,用于自动从互联网上爬取信息或数据,是一个按照一定规则从互联网上爬取网页信息的程序或者脚本。网络爬虫扫描并爬取每个所需页面上的某些信息,直到处理完所有能正常打开的网页。互联网的快速发展带来了大量爬取和提交网络信息的需求,这就产生了网络爬虫等一系列的应用。在互联网上搜索时,网络爬虫会帮助我们爬取所需要的信息。尤其当需要从 Web 访问大量非结构化数据时,可以使用 Web 爬虫程序来爬取数据。网络爬虫可以代替人们自动在互联网中进行数据信息的采集与整理。并且随着大数据时代的来临,网络爬虫在互联网中的地位将越来越重要。

原则上,只要是浏览器,即客户端能处理的事情,爬虫都能够处理。使用网络爬虫对数据信息进行自动采集,可以应用于以下领域:搜索引擎中对网站进行爬取和收录,数据分析与挖掘中对数据进行采集,金融分析中对金融数据进行采集,舆情监测与分析,目标客户数据的收集等。

网络爬虫按照其系统结构和运作原理，大致可以分为4种：通用网络爬虫、聚焦网络爬虫、增量式网络爬虫、深层网络爬虫。常用的搜索引擎Baidu、Yahoo和Google等都是一种大型复杂的网络爬虫，属于通用网络爬虫。

1．通用网络爬虫

通用网络爬虫又称全网爬虫，其爬取的对象由一批种子URL扩充至整个Web，主要由搜索引擎或大型Web服务提供商使用。这类爬虫爬取的范围和数量都非常大，对于爬取速度及存储空间的要求都比较高，而对于爬取网页的顺序要求比较低，通常采用并行工作的方式来应对大量待刷新网页。

通用网络爬虫比较适合用于搜索引擎去搜索广泛的主题。

2．聚焦网络爬虫

聚焦网络爬虫，又称主题网络爬虫，其最大的特点是选择性地爬取与预设主题相关的网页。与通用网络爬虫相比，聚焦爬虫只爬取与主题相关的网页，极大地节省硬件及网络资源，能更快地更新保存的页面，更好地满足特定人群对特定领域信息的需求。

3．增量式网络爬虫

增量式网络爬虫只对已爬取网页采取增量式更新，或只爬取新产生的及已经发生变化的网页，这种机制能够在某种程度上保证所爬取的网页尽可能地为最新页面。与其他周期性爬虫和刷新页面的网络爬虫相比，增量式网络爬虫仅在需要的时候爬取新产生或者有更新的网页，而没有变化的网页则不进行爬取，它能有效地减少数据爬取量和及时更新已爬取的网页，从而减少时间和存储空间上的浪费，但该算法的实现难度较高。

4．深层网络爬虫

网页按照存在方式可以分为表层网页和深层网页两类。表层网页是指传统搜索引擎可以索引到的网页，以超链接可以到达的静态网页为主。深层网页是指大部分内容无法通过静态链接爬取，隐藏在搜索表单后的，需要用户提交关键词后才能获得的网页，如一些登录后可见的网页。深层网页中可访问的信息量为表层网页中的几百倍，为目前互联网发展最快和最大的新型信息资源。

1.2 网络爬虫的基本流程

1.2.1 发起请求

发送请求工作由HTTP库向待访问的网站发送请求，请求中允许包含请求头部、请求参数等额外信息，然后等待服务器是否响应访问请求。发送请求的过程与人工开启浏览器过程相同，人工通过浏览器的地址栏输入访问网址URL，按回车键确认，是人工使用浏览器作为一个客户端，向服务器发送访问请求的过程。

1.2.2 获取响应内容

如果服务器能够正常响应，就可以得到响应的内容。响应的内容是指定要爬取的数据，类型可以是HTML文档类型、二进制数据类型（如图片、音频、视频等多媒体类型数据）、JSON字符串等。

1.2.3 解析内容

如果爬取的响应内容是 HTML 文档类型的文件,可以使用正则表达式和网页解析库对内容进行解析。爬取的内容也可能是 JSON,可以直接转换成 JSON 对象进行解析。爬取的内容也可能是二进制数据,如图片、音频、视频等,可以保存或进一步处理。这个步骤相当于浏览器在本地爬取服务器端文件,然后解释并显示出来。

1.2.4 持久化保存数据

爬取的数据有多种保存方式,可以保存为文本,也可以保存在数据库中,或者保存为 jpg、mp3、mp4 等特定格式的文件,这类似于人工在网页上下载图片或视频。

在爬虫程序的设计过程中需要注意以下几个问题:

1. 检查网站是否存在 API

API 是网站提供数据信息的接口,通过调用 API 收集数据信息,在网站允许的范围内爬取数据,既不存在道德法律风险,又不存在网站故意设置障碍阻拦。但是调用 API 接口的访问会受网站的控制,网站可用于收费和限制访问上限。

2. Web 爬虫需要特别清楚地显示哪些字段是所需内容

字段可以在网页上存在,也可以基于网页中现有字段进行进一步计算。需要注意的是,确定字段链接时,不能只看部分网页,因为网页可能会缺少其他网页的字段。其原因有多种,可能是网站的问题或者用户的访问行为不一样,唯一解决的办法就是全面浏览网页,通过综合分析提取关键字段。对大型的网络爬虫来说,除了要爬取数据信息之外,还要存储其他重要的中间数据信息,如网页 ID、URL 等,这样可以避免每次都重新爬取网页 ID 或 URL。

3. 数据流量分析

如果网页要进行批量爬取,要看其入口的位置,这是基于采集范围而定的。站点网页一般是以树形结构为主,可以以根节点为切入点,逐层进入。识别出信息流的机制后,先下载一个单独的网页,然后把这个模式复制到整个网页。

1.3 网络爬虫的合法性问题

爬虫的作用具有双面性,它为收集数据提供便利的同时,也给网络信息安全埋下了隐患。有些不法分子利用爬虫在网络上非法搜集网民信息,或者利用爬虫恶意攻击他人网站,从而导致网站瘫痪的严重后果,所以互联网爬虫有了一项公认的道德规范,即爬虫协议。

爬虫协议,也就是 Robots 协议,全称是"网络爬虫排除标准"(Robots Exclusion Protocol),网站通过 Robots 协议告诉搜索引擎哪些网页可以爬取,哪些网页不能爬取。该协议是国际互联网界通行的道德规范,虽然没有写入法律,但是每个爬虫都应该遵守这项协议。

Robots 协议用来告知搜索引擎哪些页面能被爬取,哪些页面不能被爬取。这不仅可以屏蔽一些网站中比较大的文件,如图片、音乐、视频等,节省服务器带宽,而且可以屏蔽站点的一些死链接,这样更方便搜索引擎爬取网站内容,设置网站地图链接,引导蜘蛛爬取页面。

如果有些网页访问时消耗性能比较高，不想被搜索引擎爬取，那么就可以放在根目录下的robots.txt 文件中。网站基本上都会有 robots.txt 文件，robots.txt 文件用以屏蔽搜索引擎或者设置搜索引擎可以爬取文件范围以及规则。网站技术人员开发或维护中如果没有加入robots.txt 文件，爬虫程序可以获取所有未加密的数据，也就是说爬虫程序可以爬取网站上全部的网页数据。

例如：

淘宝网 Robots 协议：https://www.taobao.com/robots.txt

腾讯网 Robots 协议：http://www.qq.com/robots.txt

Robots 协议文件写法如下：

```
User - agent: *            这里的 * 代表所有的搜索引擎种类，* 是一个通配符；
Disallow:/admin/           这里定义是禁止爬取 admin 目录下面的目录及文件；
Disallow:/require/         这里定义是禁止爬取 require 目录下面的目录及文件；
Disallow:/ABC/             这里定义是禁止爬取 ABC 目录下面的目录及文件；
Disallow:cgi - bin/ * .htm 禁止爬取/cgi - bin/目录下的所有以".htm"为后缀的 URL(包含子目录)；
Disallow:/ * ? *           禁止爬取网站中所有包含问号(?)的网址；
Disallow:/.jpg $           禁止爬取网页中所有的.jpg 格式的图片；
Disallow:/ab/adc.html      禁止爬取 ab 目录下面的 adc.html 文件；
Allow:/cgi - bin/          这里定义是允许爬取 cgi - bin 目录下面的目录；
Allow:/tmp                 这里定义是允许爬取整个 tmp 目录；
Allow:.htm $               仅允许爬取以".htm"为后缀的 URL；
Allow:.gif $               允许爬取网页和 gif 格式图片；
Sitemap:                   网站地图,告诉爬虫这个网页是网站地图。
```

【例 1-1】 禁止所有搜索引擎访问网站任何部分的文件写法。

```
User - agent: *
Disallow:/
```

【例 1-2】 淘宝网 robots.txt 文件如下所示，对该文件进行简单分析：

```
User - agent:Baiduspider
Disallow:/
User - agent:baiduspider
Disallow:/
```

【解析】 淘宝网 robots.txt 文中"Disallow:/"表示淘宝网不允许百度的爬虫程序访问其网站下所有的目录。

【例 1-3】 查看百度旗下的 hao123 上网导航的爬虫协议，在浏览器地址中输入访问网址"https://www.hao123.com/robots.txt"，代码如下：

```
User - agent: Baiduspider
Allow:/
User - agent: Baiduspider - image
Allow:/
User - agent: Baiduspider - video
Allow:/
User - agent: Baiduspider - news
Allow:/
```

```
User - agent: Googlebot
Allow:/
User - agent: MSNBot
Allow:/
User - agent: YoudaoBot
Allow:/
User - agent: Sogou web spider
Allow:/
User - agent: Sogou inst spider
Allow:/
User - agent: Sogou spider2
Allow:/
User - agent: Sogou blog
Allow:/
User - agent: Sogou News Spider
Allow:/
User - agent: Sogou Orion spider
Allow:/
User - agent: JikeSpider
Allow:/
User - agent: Sosospider
Allow:/
User - agent: *
Disallow:/
```

通过阅读代码可以发现 hao123 网站许可部分爬虫用户访问并爬取数据,而没有被许可的用户被拒绝访问请求。代码"User-agent：*、Disallow:/"的作用是除了前面指定的爬虫,其他爬虫都不允许爬取任何数据。很多网站对不能被爬取的网页做了规定,因此在使用爬虫的时候,要自觉遵守 Robots 协议,合法爬取数据,不能非法获取他人信息,或者做一些危害他人网站的事情而触犯法律。

1.4　反爬虫技术

网络爬虫可以轻松地爬取他人发布的网络资源,但不间断地访问会增加服务器负担,过度消耗服务器的资源,导致无法对网站进行正常访问。因此,需要通过反爬虫程序控制爬虫程序过度访问服务器。

1.4.1　User-agent 控制访问

服务器通过调用 User-agent 能够读取访问用户的处理器参数、浏览器类型、版本号、操作系统类型和版本等信息。网站技术人员会通过设置 User-agent,让信任名单范围内的用户能够正常访问。该反爬虫措施有明显的缺陷,那就是爬虫程序可以把 User-agent 包装成一个浏览器请求,给服务器制造是人工访问而不是程序访问的假象以绕过反爬虫程序。有的服务器还需要检验 Referer,因此还需要对 Referer 进行设置,其目的是告诉服务器访问请求的网页链接是从哪里来的。

1.4.2　IP 限制访问

同一个 IP 地址不断地访问服务器,服务器会认为该访问是爬虫程序发起的,那么服务器会拒绝访问请求,限制该 IP 访问。IP 限制访问有一个缺点,爬虫程序可以通过使用 IP 代理规避访问被拒绝,网络上有很多提供 IP 代理的服务。

1.4.3　设置请求间隔

爬虫程序都有设计让爬虫合理爬取网站数据的策略,但是一些恶意的爬虫程序会不间断地访问网站。针对恶意的爬虫程序可以通过请求隔断反制,避免爬虫程序不间断访问而影响网站的正常运转。

1.4.4　通过参数加密和 JavaScript 脚本

对参数加密、把参数拼接后发送给服务器,爬虫程序不知道加密规则无法访问服务器。JavaScript 脚本设置了验证网页,进入网站要通过验证码或滑动解锁等验证,爬虫程序无法识别则不能进入网站。但是,爬虫程序会采用 JavaScript 代码查看法或者 Phantom JavaScript 方式破解。基于 Webkit 的 Phantom JavaScript 是一种没有界面的浏览器,通过在内存中加载网站,同时运行网页上的 JavaScript。由于没有图形界面,Phantom JavaScript 运行效率比浏览器的运行效率更高。

1.4.5　通过 robots.txt 来限制爬虫

robots.txt 是一个实现反爬虫的技术文件,这个文件是用来告诉爬虫程序哪些数据不能爬取。该文件如果放在根目录中,爬虫程序会根据文件的要求爬取规定范围内的数据。例如通过 https://error.taobao.com/robots.txt 能查看是否有 robots.txt 文件,通过查看该文件的代码可以发现,淘宝网有反爬虫访问的措施,代码"User-agent: * "表示禁止一切爬虫访问。

以上反爬虫措施都能部分实现反爬虫,给爬虫程序访问网站增加一些困难。在反爬虫程序开发中,需要将以上措施结合实际情况综合运用,才能够更好地实现反爬虫目标。程序员开发的反爬虫程序不可能对所有爬虫程序都有效,技术人员应当根据网站的实际情况选择反爬虫措施。

1.5　网络爬虫的预备知识

网络爬虫是模拟人在浏览器中获取有用信息的方式,使用 HTTP 协议从网站上提取数据的过程。因此掌握网络爬虫,需要了解 Web 前端、Web 站点、HTTP 协议等基本概念。

一个基本的爬虫通常分为数据采集(即网页下载)、数据处理(即网页解析)和数据存储(即将有用的信息持久化)三部分内容。网络爬虫的流程图如图 1.1 所示,首先向起始 URL 发送请求,并获取响应,然后对响应内容进行提取;如果提取到新的 URL,则继续发送请求获取响应;如果提取到数据,则将数据进行持久化保存。

下面对网络爬虫的预备知识做一些简单的补充。

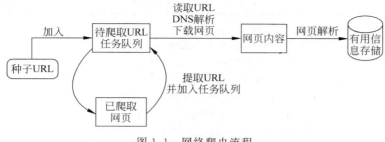

图1.1 网络爬虫流程

1.5.1 统一资源定位器

在万维网(World Wide Web,WWW)上,每一个信息资源都有统一的且在万维网上唯一的地址,这个地址叫作统一资源定位器。URL可以是由字母组成的域名,如baidu.com,也可以是IP(互联网协议)地址,如202.108.22.5。大多数人进入网站使用网站域名来访问,因为名字比数字更容易记住。

传统形式的URL格式为scheme://host:port/path?query#fragment。

-scheme:协议,例如HTTP、HTTPS、FTP等,常见的scheme名称及含义如表1.1所示。

-host:域名或者IP地址。

-port:端口,HTTP默认端口80,可以省略。

-path:路径,例如"/abc/a/b/c"。

-query:查询参数,例如"token=sdfs2223fds2&name=sdffaf"。

-fragment:锚点,用于定位网页的某个位置。

下面是两个符合规则的URL:

http://www.baidu.com/java/web?flag=1#function。

http://www.runoob.com/html/html-tutorial.html。

表1.1 常见的URL scheme

scheme	访问	用途
http	超文本传输协议	以http://开头的普通网页,不加密
https	安全超文本传输协议	安全网页,加密所有信息交换
ftp	文件传输协议	用于将文件下载或上传至网站
file		访问计算机上的文件

在URL中,如上述符合规则的URL,有一些特殊字符,如"#""?""&""/""+"等,这些特殊字符代表不同含义,"#"代表网页中的一个位置,其后面的字符是该位置的标识符。例如"http://www.example.com/index.html#print"中的"#"代表网页index.html的"print"位置。浏览器读取这个URL后,会自动将"print"位置滚动至可视区域。表1.2对URL各种字符及其含义作了简单说明。

表 1.2　URL 各字符及其含义

字　符	含　义	十六进制
＋	表示空格(URL 中不能使用空格)	%2B
空格	URL 中的空格可以用＋或者编码	%20
/	分隔目录和子目录	%2F
?	分隔实际的 URL 和参数	%3F
♯	表示书签,代表网页中的一个位置	%23
＆	URL 中指定的参数间的分隔符	%26
＝	URL 中指定的参数的值	%3D

在 URL 中空格和单引号都会被编码,例如访问 URL"https://www. baidu. com/?id＝1&name＝'admin'&pass＝'123456'"抓包时,单引号、双引号、中文和空格都会被编码为如下字符串:

"https://www.baidu.com/?id＝1&name＝%27admin%27&pass＝%27123456%27"

1.5.2　超文本传输协议

超文本传输协议(HTTP)是一个用于传输超媒体文档(例如 HTML)的应用层协议。它主要是为 Web 浏览器与 Web 服务器之间的通信而设计的,但也可以用于其他目的。HTTP 遵循经典的客户端-服务器端模式,客户端打开一个链接发出请求,然后等待,直到收到服务器端响应,如图 1.2 所示。HTTP 是无状态协议,无状态是指两次链接通信之间是没有任何联系的,每次都是一个新的链接,服务器端不会记录前后两次的请求信息,也即服务器不会在两个请求之间保留任何数据。

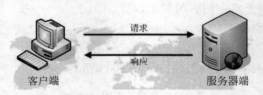

客户端　　　　　　　　　　服务器端

图 1.2　请求与响应模式

1. 典型的 HTTP 会话

在 HTTP 的客户端-服务器端协议中,会话分为三个阶段。

第一步:客户端建立一条 TCP 链接(如果传输层不是 TCP,也可以是其他适合的链接)。

第二步:客户端发送请求并等待应答。

第三步:服务器处理请求并送回应答,响应包括一个状态码和对应的响应数据。

从 HTTP/1.1 开始,连接在完成第三阶段后不再关闭,客户端可以再次发起新的请求,第二步和第三步可以连续进行数次。

2. 建立连接

在客户端/服务器端协议中,连接是由客户端发起建立的。在 HTTP 中打开连接意味着在底层传输层启动连接,通常是 TCP。

使用 TCP 时,HTTP 服务器的默认端口号为 80,另外还有 8000 和 8080 也很常用。网页的 URL 会包含域名和端口号,但当端口号为 80 时可以省略。

3. 发送客户端请求

一旦连接建立,用户代理就可以发送请求,用户代理通常是 Web 浏览器,但也可以是其他的,例如爬虫程序。客户端请求是由一系列文本指令组成的,被划分为三个块。

(1) 第一行包括请求方法及请求参数,内容如下:

① 文档路径,不包括协议和域名的绝对路径 URL。

② 使用的 HTTP 协议版本。

(2) 接下来的每一行都表示一个 HTTP 头部,为服务器提供关于所需数据的信息,例如语言、MIME 类型;或是一些改变请求行为的数据,例如当数据已经被缓存。这些 HTTP 头部组成了以一个空行结束的一个块。

(3) 最后一块是可选数据块,包含更多数据。

【例 1-4】 访问 developer. mozilla. org 的根页面,即 http://developer. mozilla. org/,并告诉服务器用户代理该网页使用法语展示,指令如下:

```
GET/HTTP/1.1
Host: developer.mozilla.org
Accept - Language: fr
```

注意最后的空行,它把头部与数据块隔开。由于在 HTTP 头部中没有 Content-Length,数据块是空的,所以服务器可以在收到代表头部结束的空行后就开始处理请求。

【例 1-5】 发送表单的结果,代码如下:

```
POST /contact_form.php HTTP/1.1
Host: developer.mozilla.org
Content - Length: 64
Content - Type: application/x - www - form - urlencoded
name = Joe % 20User&request = Send % 20me % 20one % 20of % 20your % 20catalogue
```

4. 请求方法

HTTP 定义了一组请求方法用来指定对目标资源的行为。最常用的请求方法是 GET 和 POST。

GET 方法请求指定的资源,GET 请求只被用于获取数据。

POST 方法向服务器发送数据,因此会改变服务器状态,这个方法常在 HTML 表单中使用。

5. 服务器响应结构

当收到用户代理发送的请求后,Web 服务器就会处理它,并最终送回一个响应。与客户端请求很类似,服务器响应由一系列文本指令组成,被划分为三个不同的块。

(1) 第一行是状态行,包括使用的 HTTP 协议版本、状态码和一个状态描述。

(2) 接下来每一行都表示一个 HTTP 头部,为客户端提供关于所发送数据的一些信息,如类型、数据大小、使用的压缩算法、缓存指示等。与客户端请求的头部块类似,这些 HTTP 头部组成一个块,并以一个空行结束。

(3) 最后一块是数据块,包含了响应的数据,也可能没有数据。

【例 1-6】 成功的服务器响应网页代码如下：

```
HTTP/1.1 200 OK
Date: Sat, 09 Oct 2010 14:28:02 GMT
Server: Apache
Last－Modified: Tue, 01 Dec 2009 20:18:22 GMT
ETag: "51142bc1－7449－479b075b2891b"
Accept－Ranges: bytes
Content－Length: 29769
Content－Type: text/html


<!DOCTYPE html......
```

【例 1-7】 请求资源已被永久移动的网页响应代码如下：

```
HTTP/1.1 301 Moved Permanently
Server: Apache/2.2.3 (Red Hat)
Content－Type: text/html; charset＝iso－8859－1
Date: Sat, 09 Oct 2010 14:30:24 GMT
Location: https://developer.mozilla.org/ (目标资源新地址,服务器期望用户代理去访问它)
Keep－Alive: timeout＝15, max＝98
Accept－Ranges: bytes
Via: Moz－Cache－zlb05
Connection: Keep－Alive
X－Cache－Info: caching
X－Cache－Info: caching
Content－Length: 325 (如果用户代理无法转到新地址,就显示一个默认网页)


<!DOCTYPE HTML PUBLIC "－//IETF//DTD HTML 2.0//EN">
<html><head>
<title>301 Moved Permanently</title>
</head><body>
<h1>Moved Permanently</h1>
<p>The document has moved <a href="https://developer.mozilla.org/">here</a>.</p>
<hr>
<address>Apache/2.2.3 (Red Hat) Server at developer.mozilla.org Port 80</address>
</body></html>
```

【例 1-8】 请求资源不存在的网页响应代码如下：

```
HTTP/1.1 404 Not Found
Date: Sat, 09 Oct 2010 14:33:02 GMT
Server: Apache
Last－Modified: Tue, 01 May 2007 14:24:39 GMT
ETag: "499fd34e－29ec－42f695ca96761;48fe7523cfcc1"
Accept－Ranges: bytes
Content－Length: 10732
Content－Type: text/html


<!DOCTYPE html......
```

指令包含了一个站点自定义的 404 网页。

6. 响应状态码

HTTP 响应状态码用来表示一个 HTTP 请求是否成功完成。响应被分为 5 种类型：

信息型响应、成功响应、重定向、客户端错误和服务器 URL 错误。常见的响应代码如下：

200：OK，表示请求成功。

301：Moved Permanently，表示请求资源的 URL 已被改变。

404：Not Found，表示服务器无法找到请求的资源。

7．HTTPS

HTTPS(安全的 HTTP)是 HTTP 协议的加密版本。它通常使用 SSL(en-US)或者 TLS 来加密客户端和服务器之间所有的通信。安全的链接允许客户端与服务器安全地交换敏感的数据，例如网上银行或者在线商城等涉及金钱的操作。

1.5.3 超文本标记语言

超文本标记语言(HyperText Markup Language，HTML)是一种用于创建网页的标准标记语言。HTML 使用标记标签来描述网页，文档包含 HTML 标签及文本内容，HTML 文档也叫作网页。HTML 运行在浏览器上，由浏览器解析。

1．HTML 基本结构

【例 1-9】 一个简单的 HTML 文档。

```
<!DOCTYPE html>
<html>
<head>
<meta charset = "utf-8">
<title>张三的个人简介</title>
</head>
<body>
    <h1>这是 1 班</h1>
    <p>我是张三</p>
</body>
</html>
```

HTML 文档可以使用"记事本"程序来写，也可以使用专业的 HTML 编辑器写，如 Notepad++，写完之后保存为后缀名为.html 或者.htm 的文件，这两种后缀名没有区别，然后用浏览器打开并查看结果，如图 1.3 所示。

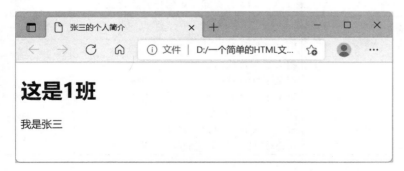

图 1.3 查看浏览器显示结果

【解析】

<!DOCTYPE html>声明为 HTML5 文档。

<html>元素是 HTML 网页的根元素。

<head>元素包含文档的元（meta）数据，如<meta charset＝"utf-8">定义网页编码格式为 utf-8。

<title>元素描述文档的标题。

<body>元素包含可见的网页内容。

<h1>元素定义一个大标题。

<p>元素定义一个段落。

完整的 HTML 网页基本结构如图 1.4 所示。

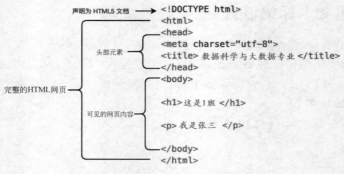

图 1.4　HTML 网页基本结构

2. HTML 基础标签

HTML 代表超文本标记语言，是网页的基本结构，可以在代码编辑器中写程序再通过浏览器运行结果。HTML 网页内可以包含图片、链接，甚至音乐等非文字元素。

HTML 标记标签通常被称为 HTML 标签。HTML 标签是由"<>"包围的关键词，如<html>。HTML 标签通常是成对出现的，如和，标签对中的第一个标签是开始标签，第二个标签是结束标签，开始和结束标签也被称为开放标签和闭合标签。

HTML 标签和 HTML 元素通常描述意思一样，严格来讲，一个 HTML 元素包含开始标签与结束标签，如表 1.3 所示。

表 1.3　HTML 头部元素的标签及含义

标　　签	含　　义
<head>	定义了文档的信息
<title>	定义了文档的标题
<base>	定义了网页链接标签的默认链接地址
<link>	定义了一个文档和外部资源之间的关系
<meta>	定义了 HTML 文档中的元数据
<script>	定义了客户端的脚本文件
<style>	定义了 HTML 文档的样式文件

头部元素包含关于文档的概要信息，也称为元信息（meta-information）。meta 意为关于某方面的信息，如图 1.4 所示，元信息 charset 一般设置为支持世界语言的 utf-8。

（1）<head>元素。

<head>元素包含所有的头部标签元素。在<head>元素中可以插入脚本（Script）、样式

文件(CSS)及各种元信息。

可以添加在头部区域的元素标签有< title >、< style >、< meta >、< link >、< script >、< noscript >和< base >。

（2）< title >元素。

< title >标签定义不同文档的标题，< title >在 HTML/XHTML 文档中是必需的。< title >元素的功能是定义如下信息：

① 显示在浏览器工具栏中的标题。

② 当网页添加到收藏夹时，显示在收藏夹中的标题。

③ 显示在搜索引擎结果网页中的标题。

【例 1-10】 一个简单的 HTML 文档。

```
<! DOCTYPE html >
< html >
< head >
< meta charset = "utf - 8">
< title >文档标题</title>
</head >
< body >
文档内容……
</body >
</html >
```

（3）< base >元素。

< base >标签描述基本的链接地址/链接目标，该标签作为 HTML 文档中所有的链接标签的默认链接。

【例 1-11】 一个< base >元素。

```
< head >
< base href = "http://www.html.cn/images/" target = "_blank">
</head >
```

（4）< link >元素。

< link >标签定义文档与外部资源之间的关系，通常用于链接到样式表。

【例 1-12】 一个< link >元素。

```
< head >
< link rel = "stylesheet" type = "text/css" href = "mystyle.css">
</head >
```

（5）< style >元素。

< style >标签定义 HTML 文档的样式文件引用地址。在< style >元素中也可以直接添加样式来渲染 HTML 文档。

【例 1-13】 一个< style >元素。

```
< head >
< style type = "text/css">
body {background - color:yellow}
```

```
p {color:blue}
</style>
</head>
```

（6）＜meta＞元素。

＜meta＞标签描述一些基本的元数据，通常元数据也不显示在网页上，但会被浏览器解析。meta 元素通常用于指定网页的描述、关键词、文件的最后修改时间、作者和其他元数据信息。元数据用于定义浏览器如何显示内容或重新加载网页、搜索引擎或其他 Web 服务。

＜meta＞标签一般放置于＜head＞区域。

【例 1-14】 为搜索引擎定义关键词的＜meta＞标签使用实例。

```
<meta name = "keywords" content = "HTML, CSS, XML, XHTML, JavaScript">
```

【例 1-15】 为网页定义描述内容的＜meta＞标签使用实例。

```
<meta name = "description" content = "免费 Web & 编程 教程">
```

【例 1-16】 定义网页作者的＜meta＞标签使用实例。

```
<meta name = "author" content = "HTML">
```

（7）＜script＞元素。

＜script＞标签用于加载脚本文件，如 JavaScript。

表 1.3 给出了 HTML 头部元素的各种标签及含义。

（8）＜p＞元素。

＜p＞元素定义 HTML 文档中的一个段落，这个元素拥有一个开始标签＜p＞以及一个结束标签＜/p＞。

【例 1-17】 一个＜p＞元素使用实例。

```
<p>这是第一个段落。</p>
```

（9）＜body＞元素。

＜body＞元素定义 HTML 文档的主体。这个元素拥有一个开始标签＜body＞以及一个结束标签＜/body＞。元素内容是另一个 HTML 元素为 p 元素。

【例 1-18】 一个＜body＞元素使用实例。

```
<body>
<p>这是第一个段落。</p>
</body>
```

HTML 标签对大小写不敏感，＜P＞等同于＜p＞。许多网站都使用大写的 HTML 标签。

（10）＜html＞元素。

＜html＞元素定义整个 HTML 文档，这个元素拥有一个开始标签＜html＞，以及一个结束标签＜/html＞。

【例 1-19】 ＜html＞元素使用实例。

```
<html>
```

```
< body >
< p >这是第一个段落。</p >
</body >
</html >
```

(11) <!--……-->注释标签。

<!--……-->注释标签用来在源文档中插入注释,注释不会在浏览器中显示。可使用注释对代码进行解释,这样有助于以后对代码进行编辑,特别是代码量很大的情况下非常有用。也可以在注释内容存储针对程序所定制的信息,在这种情况下,这些信息对用户是不可见的。

【例 1-20】 一个注释标签使用实例。

```
< script type = "text/javascript">
<!--
function displayMsg()
{
    alert("Hello World!")
}
// -->
</script >
```

命令行最后的两个正斜杠(//)是 JavaScript 注释符号,这确保了 JavaScript 不会执行-->标签。

3. HTML 段落和文字

(1) HTML 标题。

在 HTML 文档中,标题很重要。标题(Heading)是通过< h1 >~< h6 >等标签进行定义的。其中,< h1 >定义最大的标题,< h6 >定义最小的标题。

【例 1-21】 标题使用实例。

```
< h1 >北京</h1 >
< h2 >科技学院</h2 >
< h3 >信息工程学院</h3 >
< h4 >数据科学与大数据专业</h4 >
< h5 > 210641 班</h5 >
< h6 >张三</h6 >
```

把例 1-21 中的代码保存成后缀为.html 的文件,用浏览器打开查看结果,如图 1.5 所示。

(2) HTML 段落。

在 HTML 中段落是通过 p 标签定义的,它可以将 HTML 文档分割为若干段落部分。HTML 中的段落通过 p 标签定义将文档分割为若干段落。

【例 1-22】 若干段落使用实例。

```
< p >我来自北京,我任职班级学习委员</p >
< p >我喜欢编程,喜欢打乒乓球。< br/>我们来交个朋友吧</p >
```

把例 1-22 中的代码保存成后缀为.html 的文件,用浏览器打开查看结果,如图 1.6 所示。

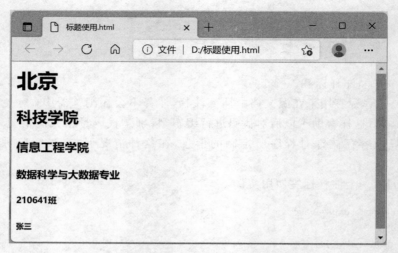

图 1.5　六级标记格式在浏览器中效果查看

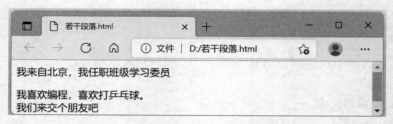

图 1.6　若干段落在浏览器中效果查看

因为 p 标签是块级元素，所以浏览器会自动在段落前后添加空行。另外，可以通过
< br/>标签来对段落进行换行。

（3）HTML 文本格式化。

HTML 可定义很多供格式化输出的元素。例如，使用标签< b >("bold")与< i >("italic")
对输出的文本进行格式化，从而显示粗体或者斜体。

【例 1-23】　简单文本格式化使用实例。

```
<!DOCTYPE html>
<html>
<head>
<meta charset = "utf - 8">
<title>文本格式化</title>
</head>
<body>
<b>210642</b><br><br>
<i>数据科学与大数据专业</i><br><br>
<code>蓝桥杯兴趣小组</code><br><br>
log<sub>2</sub>n<sup>3</sup>
</body>
</html>
```

把例 1-23 中的代码保存成后缀为.html 文件,用浏览器打开查看结果,如图 1.7 所示。

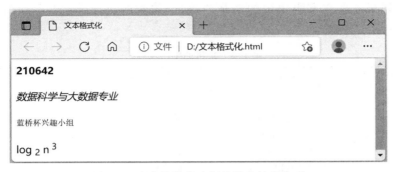

图 1.7　文本格式化在浏览器中效果查看

（4）HTML 区块。

大多数 HTML 元素被定义为块级元素或内联元素。块级元素在浏览器显示时,通常会以新行来开始和结束,而内联元素则不会。

① 区块元素：可以通过< div >和< span >将 HTML 元素组合起来。

② 块级元素：块级元素在浏览器中显示时,通常会以新行来开始和结束,如< h1 >、< p >、< ul >、< table >。

③ 内联元素：内联元素在显示时通常不会以新行开始,如< b >、< td >、< a >、< img >。

④ < div >元素：HTML < div >元素是块级元素,浏览器会在其前后显示换行,如果与 CSS 一同使用,< div >元素可用于对大的内容块设置样式属性。

⑤ < span >元素：HTML < span >元素是内联元素,可用作文本的容器,与 CSS 一同使用时,< span >元素可用于为部分文本设置样式属性。

（5）HTML 字符实体。

在 HTML 中,某些字符是预留的,这些预留字符必须被替换为字符实体。一些在键盘上找不到的字符也可以使用字符实体来替换。例如,在 HTML 中不能使用"<"和">",因为浏览器会误认为它们是标签,所以希望能正确地显示预留字符,必须在 HTML 源代码中使用字符实体。

【例 1-24】　空格字符实体的使用实例。

< div >html 中文网提供大量免费、原创、高清的 html 视频教程</div >
< div >html 中文网提供大量免费 、   原创、高清的 html 视频教程</div >

把例 1-24 中的代码保存成后缀为.html 的文件,用浏览器打开查看结果,如图 1.8 所示。

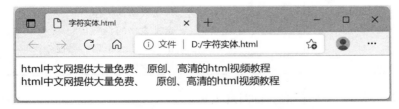

图 1.8　空格字符实体在浏览器中效果查看

HTML 网页中的常用字符实体是不间断空格" ",浏览器总是会截短 HTML 网页中的空格,如果需要在网页中增加空格的数量,需要使用" ",常用的字符实体如表 1.4 所示。

表 1.4　常用的字符实体

显示结果	描述	实体名称	实体编号
	空格		
<	小于号	&lt;	&#60;
>	大于号	&gt;	&#62;
&	和号	&amp;	&#38;
"	引号	&quot;	&#34;
'	撇号	'（IE 不支持）	&#39;
¢	分	&cent;	&#162;
£	镑	&pound;	&#163;
¥	元	&yen;	&#165;
€	欧元	&euro;	&#8364;
§	小节	&sect;	&#167;
©	版权	&copy;	&#169;
®	注册商标	&reg;	&#174;
™	商标	&trade;	&#8482;
×	乘号	&times;	&#215;
÷	除号	&divide;	&#247;

4. HTML 表格

表格是由< table >标签定义的,每个表格的行由< tr >标签定义,每行被分割为由< td >标签定义的若干单元格。数据单元格可以包含文本、图片、列表、段落、表单、水平线、表格等。表格各类标签和描述如表 1.5 所示。

表 1.5　HTML 表格标签及描述

标　　签	描　　述
< table >	定义表格
< caption >	定义表格标题
< th >	定义表格的表头
< tr >	定义表格的行
< td >	定义表格单元的列
< thead >	定义表格的页眉
< tbody >	定义表格的主体
< tfoot >	定义表格的页脚
< col >	定义用于表格列的属性
< colgroup >	定义表格列的组

【例 1-25】　创建一个简单的三行四列表格。

```
< body >
    < table border = "1">
```

```
    <caption>个人信息</caption>
    <tr>
        <td>ID</td>
        <td>姓名</td>
        <td>年龄</td>
        <td>分数</td>
    </tr>
    <tr>
        <td>1</td>
        <td>张三</td>
        <td>18</td>
        <td>90</td>
    </tr>
    <tr>
        <td>2</td>
        <td>李四</td>
        <td>20</td>
        <td>88</td>
    </tr>
    </table>
</body>
```

把例1-25中的代码保存成后缀为.html的文件,用浏览器打开查看结果,如图1.9所示。

图1.9 表格实例在浏览器中效果查看

5. HTML 列表

HTML 支持有序、无序和定义列表。其中,无序列表默认使用粗体圆点进行标记;有序列表默认使用数字进行标记。有序列表由<ol>标签开头,每个列表项由<li>标签开头。

【例 1-26】 分别使用有序列表和无序列表的实例。

```
<p><b/>1.有序列表</p>
<ol>
    <li>星期一</li>
    <li>星期二</li>
    <li>星期三</li>
    <li>星期四</li>
</ol>
<p><b/>2.无序列表</p>
<ul>
    <li>星期一</li>
    <li>星期二</li>
    <li>星期三</li>
```

```
  <li>星期四</li>
</ul>
```

把例 1-26 中的代码保存成后缀为.html 的文件,用浏览器打开查看结果,如图 1.10 所示。

图 1.10　列表使用在浏览器中效果查看

6. HTML 表单

表单是一个包含表单元素的区域。表单元素是允许用户在表单中输入内容,包括不同类型的 input 元素、复选框、单选按钮、提交按钮等。表单使用表单标签< form >设置。

【例 1-27】　定义一个用户名和密码输入表单。

```
< form >
用户名:< input type = "text">
密码:< input type = "password">
</form >
```

把例 1-27 中的代码保存成后缀为.html 的文件,用浏览器打开查看结果,如图 1.11 所示。其中,input 元素用于输入框,其输入类型是由类型属性 type 定义的,类型描述如表 1.6 所示。

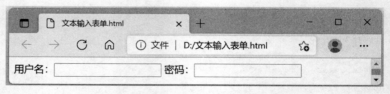

图 1.11　输入表单在浏览器中效果查看

表 1.6　input 输入类型及描述

类　　型	描　　述
text	定义常规文本输入
radio	定义单选按钮输入(选择多个选择之一)

类　型	描　述
submit	定义提交按钮(提交表单)
password	定义密码字段的输入
checkbox	定义多选按钮输入

单选框：

< input type＝"radio" name＝"sex" value＝"male">男

< input type＝"radio" name＝"sex" value＝"female">女

多选框：< input type＝"checkbox" name＝"subject" value＝"Math">数学

< input type＝"checkbox"name＝"subject" value＝"English">英语

文件框：

< input type＝"text">

提交按钮：

< input type＝"submit" name＝"submit">

【例 1-28】 各种表单的使用实例。

```
<div>
        <!-- input 输入、单选、多选、文件上传、日期时间、下拉选项 -->
        <div>
            <!-- label for 属性和 id 一样就关联在一起 单击获得光标 -->
            <label for = "username">账户</label>
            <!-- disabled 放在 form 表单中提交后得不到该值
            将 disabled = "disabled" 改为 readonly = "readonly"只读即可
            -->
            <input id = "username" type = "text" name = "zh">
        </div>
        <div>
            <!-- label 另一种转到光标方法 -->
            <label>密码
                <!-- password 不显示明文 -->
            <input type = "password" name = "mm">
            </label>
        </div>
        <div>
            <label>头像
                <input type = "file" name = "avatar">
            </label>
        </div>
        <div>日期
            <input type = "date" name = "date">
        </div>
        <p>时间
            <input type = "time" name = "time">
        </p>
        <P>性别
            <!-- type = "radio"单选框 -->
```

```
        < input type = "radio" name = "boy">男
        < input type = "radio" name = "girl">女
    </P>
    <p>爱好
        <!-- type = "checkbox"复选框 checked 设置默认选项 -->
        < input type = "checkbox" name = "hobby" checked value = "girl">女
        < input type = "checkbox" name = "hobby" value = "boy">男
        < input type = "checkbox" name = "hobby" value = "baoj">宝剑
        < input type = "checkbox" name = "hobby" value = "dy">电影
    </p>
    < input type = "submit" value = "提交">
    < input type = "reset" value = "重置">
    < input type = "button" value = "普通按钮">
    < input type = "hidden" value = "选择文件">
    < input type = "file" name = "未选择文件">
</div>
```

把例 1-28 中的代码保存成后缀为.html 的文件，用浏览器打开查看结果，如图 1.12 所示。

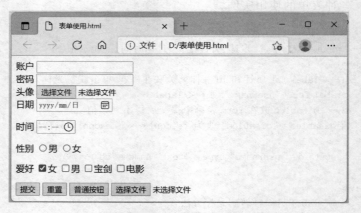

图 1.12　各种表单在浏览器中效果查看

7. HTML 链接

HTML 使用超级链接与网络上的另一个文档相连。几乎可以在所有的网页中找到链接。单击链接可以从一张网页跳转到另一张网页。HTML 使用标签< a >来设置超文本链接。超链接可以是一个字、一个词或者一组词，也可以是一幅图像，可以单击这些内容来跳转到新的文档或者当前文档中的某个部分。当把鼠标指针移动到网页中的某个链接上时，箭头会变为一只小手的形状。

在标签< a >中使用 href 属性来描述链接的地址。默认情况下，链接将以下形式出现在浏览器中，一个未被访问过的链接显示为蓝色字体并带有下画线，单击链接时，链接显示为红色并带有下画线。

【例 1-29】　一个 HTML 链接实例。

```
< a href = "https://www.html.cn/">访问 HTML 中文网</a>
```

把例 1-29 中的代码保存成后缀为.html 的文件，用浏览器打开查看结果，如图 1.13

所示。

图 1.13 链接在浏览器中效果查看

8. HTML 属性

HTML 标签可以拥有属性，属性提供了有关 HTML 元素更多的信息。它总是以"名称/值"对的形式出现，比如 name＝"value"，属性总是在 HTML 元素的开始标签中定义的。

常见属性如下所示。

a 标签中的 href 属性：＜a href＝"http://www.html.cn/"＞html 中文网＜/a＞。

input 标签中的属性 type 属性：＜input type＝"text" value＝" "＞。

img 中的 src 属性：＜img src＝"images/1.jpg"＞。

大多数标签具备的属性如表 1.7 所示。

表 1.7 标签中常具备的属性

属　　性	含　　义
class	元素的类名
id	元素的唯一 id
style	元素的行内样式
title	元素的额外信息

属性和属性值对大小写不敏感，但最好是小写的形式；属性值应该始终被包括在引号内，双引号是最常用的。

9. HTML CSS

层叠样式表(Cascading Style Sheets，CSS)是用于渲染 HTML 元素标签的样式。当浏览器读到一个样式表时，它就会按照这个样式表来对文档进行格式化。有三种在 HTML 中插入样式表的方法，分别为内联样式、内部样式表和外部引用。

【例 1-30】 设计一个简单的样式。

```
< div style = "opacity:0.5;position:absolute;left:50px;width:90px;height:90px;background -
color:#40B3DF"> </div >
< div style = "font - family:verdana;padding:10px;border - radius:10px;border:10px solid #
EE872A;">
< div style = "opacity:0.3;position:absolute;left:120px;width:50px;height:200px;background -
color:#8AC007"></div >
< h3 >信息工程学院</h3 >
< div style = "letter - spacing:12px;">数据科学与大数据专业</div >
< div style = "color:#40B3DF;">1 班
< span style = "background - color:#B4009E;color:#ffffff;">张三</span >
</div >
< div style = "color:#000000;">我喜欢...</div >
```

```
</div>
```

把例 1-30 中的代码保存成后缀为.html 的文件，用浏览器打开查看结果，如图 1.14 所示。

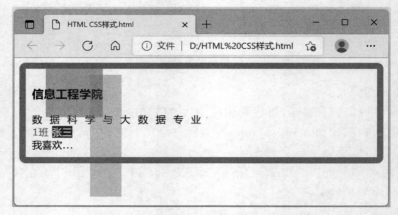

图 1.14 在浏览器中显示的效果查看

10. HTML 图像

可以通过<img>标签实现在 HTML 文档中显示图像，<img>是一个单标签，其形式为 <img src="url">。要在网页上显示图像，需要使用源属性 src，src 的值是图像的 URL。

【例 1-31】 图像标签使用实例。

```
<img loading="lazy" src="/images/logo.png" width="258" height="39"/>
```

11. HTML 布局

网页布局对一个网站的外观来说是非常重要的，大多数网站可以使用<div>或者 HTML5 中的元素来为网页创建更加丰富的外观。

【例 1-32】 一个简单的 HTML 布局实例。

```
<!DOCTYPE html>
<html>
<head>
<meta charset="utf-8">
<title>信息工程学院</title>
</head>
<body>
<div id="container" style="width:500px">
<div id="header" style="background-color:#FFA500;">
<h1 style="margin-bottom:0;">数据科学与大数据专业</h1></div>
<div id="menu" style="background-color:#FFD700;height:200px;width:100px;float:left;">
<b>0641</b><br>
第 1 组<br>
第 2 组<br>
第 3 组</div>
<div id="content" style="background-color:#EEEEEE;height:200px;width:400px;float:
left;">
```

```
荣誉榜</div>
<div id = "footer" style = "background - color: #FFA500;clear:both;text - align:center;">
版权 © Tom</div>
</div>
</body>
</html>
```

把例 1-32 中的代码保存成后缀为. html 的文件,用浏览器打开查看结果,如图 1.15
所示。

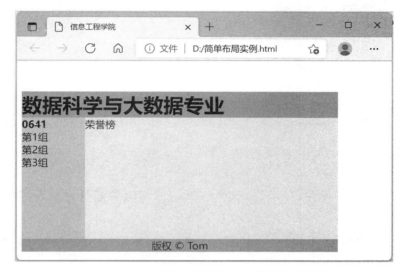

图 1.15 简单布局在浏览器中显示的效果查看

12. HTML 框架

通过使用框架 IFrame,网页可以在同一个浏览器窗口中显示多个网页。每份 HTML
文档称为一个框架,并且每个框架都独立于其他的框架。IFrame 语法:

```
<iframe src = "URL"></iframe>
```

可以用 height 和 width 属性分别定义 IFrame 标签的高度与宽度。属性默认以像素为
单位,也可以指定其按比例显示(如 80%)。

【例 1-33】 一个简单的框架实例。

```
<iframe loading = "lazy" src = "http://www.html.cn/" width = "200" height = "200"></iframe>
```

把例 1-33 中的代码保存成后缀为. html 的文件,用浏览器打开查看结果,如图 1.16
所示。

13. HTML 脚本

在 HTML 中通过<script>标签来定义客户端脚本,如 JavaScript。<script>元素既可
包含脚本语句,也可以通过 src 属性指向外部脚本文件。JavaScript 使 HTML 网页具有更
强的动态性和交互性,常用于图片操作、表单验证以及内容动态更新。

【例 1-34】 一个简单的脚本实例。

图 1.16　框架在浏览器中显示的效果查看

```
< body >
< script type = "text/javascript">
document.write("< h1 > hello world </h1 >")
</script >
</body >
```

把例 1-34 中的代码保存成后缀为 .html 的文件，用浏览器打开查看结果，如图 1.17 所示。

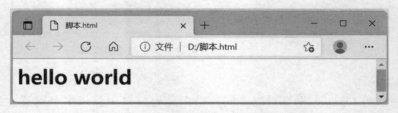

图 1.17　脚本在浏览器中显示的效果查看

HTML 是一种在网页上使用的超文本标记语言，HTML 允许的操作有格式化文本、添加图片、创建链接、输入表单、框架和表格等，并可将 HTML 存为文本文件，可使用浏览器读取和显示。

1.6　开发语言和开发环境

1.6.1　开发语言

本书使用 Python 语言开发程序。Python 是一个高层次的结合解释性、编译性、互动性和面向对象的脚本语言。Python 的设计具有很强的可读性，具有比其他语言更有特色的语法结构。

Python 爬虫是用 Python 编程语言实现的网络爬虫，主要用于网络数据的爬取和处理，相比于其他语言，其拥有大量内置包，可以轻松实现网络爬虫功能。Python 爬虫可以做的事情很多，如搜索引擎、采集数据、广告过滤等，Python 爬虫还可以用于数据分析，在数据的爬取方面作用巨大。网页结构有一定的规则，还有一些根据网页节点属性、CSS 选择器或 XPath 来爬取网页信息的库，因此这些库可以高效快速地从中爬取网页信息。另外，Python 系统自带有很多网页爬取模板，用于爬虫开发领域有以下优势：

（1）Python 相比用 Java、C♯、C++这些编程语言设计的爬取网页文档界面更加友好和简洁；Python 可以利用 Requests 和 Mechanize 等这些第三方库模拟人工浏览器访问的行为，实现起来更便捷。

（2）爬虫程序爬取网页之后，需要对网页进行如过滤标签、提取文本等处理。对于比较简短的文本，Python 拥有很强的处理能力，能够编写简短的代码去处理绝大部分的文档。

1.6.2 第三方请求库

1. Requests 简介

Requests 是用 Python 语言编写的，是 Python 语言的第三方库，采用 Apache2 Licensed 开源协议的 HTTP 库。Requests 是一个很实用的 Python HTTP 客户端库，编写爬虫程序和测试服务器响应数据时经常会用到。

2. Selenium 简介

Selenium 是一款用于 HTML 网页的 UI 自动化测试工具，支持 Chrome、Safari、Firefox 等主流界面式浏览器，也支持多种语言开发，比如 Java、C、Python 等。Selenium 本质是通过驱动浏览器，完全模拟对浏览器的各种操作，比如跳转、输入、单击、下拉等，来获得网页渲染之后的结果；Selenium 支持对多种类型的浏览器的操作。

1.6.3 开发工具

开发平台：PyCharm、Notebook 都可以。

数据库：SQLite、MySQL、MongoDB 等。

浏览器：本书中使用主流的 Chrome 浏览器。

第 2 章

Requests 库

Requests 库是第三方库,是 Python 中原生的一款基于网络请求的模块,功能强大,简单便捷,效率高。Requests 库采用的是 Apache2 Licensed 开源协议的 HTTP 库,可以减少大量的工作,因此建议使用 Requests 库。

2.1 安装 Requests 库

使用 Anacanda Prompt 安装 Requests 库常用的方法是 pip install requests。

【例 2-1】 测试 Requests 库是否安装成功。

【解析】 使用 response. status_code 查看响应状态码,如果值为 200,表示响应成功,代码如下:

```
import requests
response = requests.get(url = "http://www.baidu.com")
print(response.status_code)          #获取返回状态
```

程序执行结果,如果打印输出 200,则表示安装成功。

2.2 Requests 库发送请求

Requests 库常用的请求方式有 GET 和 POST 两种。

使用 Requests 库发送网络请求,首先要导入 Requests 库的导入语句,代码如下:

```
import requests
```

尝试爬取某个网页就需要对该网页地址发送请求。比如获取“百度”首页,使用 GET 请求,请求方式如下:

```
response = requests.get('https://www.baidu.com/')
```

运行代码,得到了一个 response 对象,可以从这个 response 对象中获取所有想要的信息。

获取“百度”首页使用的是 GET 请求,Requests 库简便的 API 意味着所有 HTTP 请求类型都是显而易见的。比如可以这样发送一个 HTTP POST 请求:

```
response = requests.post('http://httpbin.org/post', data = {'key':'value'})
```

另外,Requests库还提供了其他类型的请求方法,如 PUT、DELETE、HEAD 以及 OPTIONS,代码如下:

```
response = requests.put('http://httpbin.org/put', data = {'key':'value'})
response = requests.delete('http://httpbin.org/delete')
response = requests.head('http://httpbin.org/get')
response = requests.options('http://httpbin.org/get')
```

2.3　查看响应内容

通过 Requests 库发送请求后,得到一个 response 对象。在 response 对象里可以获取很多信息,包括响应状态码、返回信息的编码方案、网页编码方案、JSON 数据、文本信息及字节码等,方法和功能描述如表 2.1 所示。

表 2.1　requests 常用响应对象里包含的信息

方 法 名	功　　能
response.status_code	如果返回的状态码不是 200,通过此方法抛出异常
response.encoding	返回信息的编码格式。
	解析返回数据是什么编码格式,一般使用方式
response.apparent_encoding	response.encoding＝response.apparent_encoding
	通常用在爬取中文的网页,防止乱码
response.json()	获取返回的 JSON 数据
response.text	获取返回的 HTML 文本信息
response.content	获取返回的字节码

2.3.1　查看响应状态码

常见的 HTTP 响应状态码如表 2.2 所示。

表 2.2　常见的 HTTP 响应状态码

状 态 码	表 示 意 义
200	请求成功
301	资源(网页等)被永久转移到其他 URL
404	请求的资源(网页等)不存在
500	内部服务器错误

通过 response.status_code 命令可以查看响应的状态码,代码如下:

```
response.status_code
200
```

Requests 库附带一个内置的状态码查询对象,代码如下:

```
response.status_code == requests.codes.ok
True
```

如果发送一个错误请求，如一个 4XX 客户端错误或者 5XX 服务器错误响应，可以通过 Response.raise_for_status( )来抛出异常。

2.3.2 查看响应的文本信息

【例 2-2】 向"https://www.baidu.com/"发送一个 GET 请求，查看响应的 HTML 文档信息。

【解析】 查看响应的 HTML 文档信息，使用 response.text 查看，代码如下：

```
import requests
response = requests.get(url = "https://www.baidu.com/")
print(response.text)
```

运行代码，输出结果如图 2.1 所示。

```
<!DOCTYPE html>
<!--STATUS OK--><html> <head><meta http-equiv=content-type content=text/html;charset=ut
f-8><meta http-equiv=X-UA-Compatible content=IE=Edge><meta content=always name=referrer
><link rel=stylesheet type=text/css href=http://s1.bdstatic.com/r/www/cache/bdorz/baid
u.min.css><title>ç ¾å°¦ ä¸ ä¼ å½ å° å°±ç ¥é6         </title></head> <body link=#0000c
c> <div id=wrapper> <div id=head> <div class=head_wrapper> <div class=s_form> <div clas
s=s_form_wrapper> <div id=lg> <img hidefocus=true src=//www.baidu.com/img/bd_logo1.png
width=270 height=129> </div> <form id=form name=f action=//www.baidu.com/s class=fm> <i
nput type=hidden name=bdorz_come value=1> <input type=hidden name=ie value=utf-8> <inpu
t type=hidden name=f value=8> <input type=hidden name=rsv_bp value=1> <input type=hidde
n name=rsv_idx value=1> <input type=hidden name=tn value=baidu><span class="bg s_ipt_w
r"><input id=kw name=wd class=s_ipt value maxlength=255 autocomplete=off autofocus></sp
an><span class="bg s_btn_wr"><input type=submit id=su value=ç ¾å°¦ ä¸  class="bg s
_btn"></span> </form> </div> </div> <div id=u1> <a href=http://news.baidu.com name=tj_t
rnews class=mnav>æ °é »</a> <a href=http://www.hao123.com name=tj_trhao123 class=mna
v>hao123</a> <a href=http://map.baidu.com name=tj_trmap class=mnav>å °å ¾</a> <a hre
```

图 2.1 响应的 HTML 部分文档截图

2.3.3 解决乱码问题

通过 GET 发送请求后，Requests 库会基于 HTTP 头部对响应的编码进行推测。当访问 response.text 时，Requests 库会使用其推测的文本编码。Requests 库会自动解码来自服务器的内容，大多数 Unicode 字符集都能被无缝地解码。但是，如果出现解码不一致的情况，就会出现乱码。例如本案例中的输入结果，如图 2.1 所示。

可以通过 response.encoding 命令查看 Response 库的编码方案，代码如下：

```
response.encoding
'ISO - 8859 - 1'
```

通过 response.apparent_encoding 命令查看所访问网页的编码方案，代码如下：

```
response.apparent_encoding
'utf - 8'
```

如果两种编码方案一样，就不会有乱码的现象，否则就出现乱码，可以通过下面这个命令来解决乱码问题：

```
response.encoding = response.apparent_encoding
```

或者已经知道当前网络的编码方案,假如当前网络的编码方案为'utf-8',则可以直接把编码方案赋值,代码如下:

```
response.encoding = 'utf-8'
```

【例2-3】 解决例2-2出现的乱码问题。

【解析】 使用response.text获取返回的HTML文本信息,代码如下:

```
import requests
response = requests.get(url = "http://www.baidu.com")
response.encoding = response.apparent_encoding
print(response.text)
```

运行代码,输出结果如图2.2所示。

```
<!DOCTYPE html>
<!--STATUS OK--><html> <head><meta http-equiv=content-type content=text/html;charset=ut
f-8><meta http-equiv=X-UA-Compatible content=IE=Edge><meta content=always name=referrer
><link rel=stylesheet type=text/css href=http://s1.bdstatic.com/r/www/cache/bdorz/baid
u.min.css><title>百度一下,你就知道</title></head> <body link=#0000cc> <div id=wrapper>
<div id=head> <div class=head_wrapper> <div class=s_form> <div class=s_form_wrapper> <d
iv id=lg> <img hidefocus=true src=//www.baidu.com/img/bd_logo1.png width=270 height=129
> </div> <form id=form name=f action=//www.baidu.com/s class=fm> <input type=hidden nam
e=bdorz_come value=1> <input type=hidden name=ie value=utf-8> <input type=hidden name=f
value=8> <input type=hidden name=rsv_bp value=1> <input type=hidden name=rsv_idx value=
1> <input type=hidden name=tn value=baidu><span class="bg s_ipt_wr"><input id=kw name=w
```

图2.2 响应的HTML部分文档截图

把响应的HTML文档进行持久化保存,保存为名为baidu.html的文件,编码方案要和网页的编码方案保持一致,文件写入的内容是response.text。保存之后的文件打开如图2.3所示,是保存在本地的一个HTML文档内容,可以用浏览器打开,也可以用记事本打开,如下所示:

```
with open("baidu.html",'w', encoding ='utf-8') as fp:
fp.write(response.text)
```

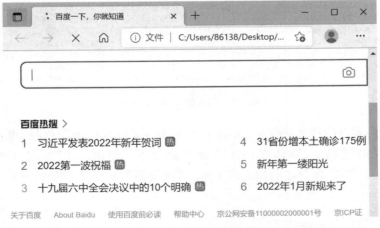

图2.3 用浏览器打开持久化保存的.html文档

2.3.4　二进制码响应内容

对于响应内容为非文本类型数据时，如图像、音乐、视频等，使用 response.content 接收响应内容，Requests 库会自动解码所传输编码的响应数据。

【例 2-4】 已知一幅图片的 URL，如图 2.4 所示，爬取这幅图片。

ik.img.kttpdq.com/pic/156/108615/24abd615fb2a7177.jpg

图 2.4　待爬取的图片及 URL

【解析】 对图片地址直接发送 GET 请求，获得响应数据，代码如下：

```
url = "http://dik.img.kttpdq.com/pic/156/108615/24abd615fb2a7177.jpg"
response = requests.get(url = url)
response.content
```

运行代码，响应的内容如图 2.5 所示。

```
b'\xff\xd8\xff\xe0\x00\x10JFIF\x00\x01\x01\x01\x00d\x00d\x00\x00\xff\xdb\x00C\x00\x03
\x02\x02\x03\x02\x02\x03\x03\x03\x04\x03\x03\x04\x05\x08\x05\x05\x04\x04\x05\n\x0
7\x07\x06\x08\x0c\n\x0c\x0c\x0b\n\x0b\x0b\r\x0e\x12\x10\r\x0e\x11\x0e\x0b\x0b\x10\x16
\x10\x11\x13\x14\x15\x15\x15\x0c\x0f\x17\x18\x16\x14\x18\x12\x14\x15\x14\xff\xdb\x00C
\x01\x03\x04\x04\x05\x04\x05\t\x05\x05\t\x14\r\x0b\r\x14\x14\x14\x14\x14\x14\x14\x14
\x14\x14\x14\x14\x14\x14\x14\x14\x14\x14\x14\x14\x14\x14\x14\x14\x14\x14\x14\x14\x14\x14
\x14\x14\x14\x14\x14\x14\x14\x14\x14\x14\x14\x14\x14\x14\x14\x14\x14\x14\x14\x14\x14\x14
\xff\xc0\x00\x11\x08\x00\x96\x00\xc8\x03\x01\x11\x00\x02\x11\x01\x03\x11\x01\xff\xc4
\x00\x1d\x00\x00\x01\x04\x03\x01\x01\x00\x00\x00\x00\x00\x00\x00\x00\x00\x00\x04\x03
\x05\x06\x07\x01\x02\x08\x00\t\xff\xc4\x00N\x10\x00\x02\x01\x02\x05\x01\x05\x04\x05\x
07\x08\x06\n\x03\x00\x00\x01\x02\x03\x04\x11\x00\x05\x06\x12!1\x07\x13"AQ\x142aq\x08B
\x81\x91\xd1\x15#3R\xa1\xb1\xc1\x16$%4Cbr\x82\x17ESt\x83\x84&5DFVds\xa2\xe1\xf0\x92\x
94\xb2\xff\xc4\x00\x1a\x01\x00\x03\x01\x01\x01\x01\x00\x00\x00\x00\x00\x00\x00\x00\x0
0\x00\x00\x01\x02\x03\x04\x05\x06\xff\xc4\x00-\x11\x00\x02\x02\x02\x02\x01\x04\x01\x0
```

图 2.5　响应的 content 内容

对响应的内容进行持久化保存，文件名为 1.jpg，文件可以指定路径，也可以不指定路径，不指定路径的情况下，默认在程序所在的路径下。使用"wb"方式以图片格式保存 response.content 文件，保存之后的文件 1.jpg 可以使用图片浏览工具打开查看。持久化保存代码如下：

```
with open('1.jpg','wb')as fp:
    fp.write(response.content)
```

2.3.5 JSON 响应内容

Requests 中也有一个内置的 JSON 解码器,可以收集 JSON 格式数据。

【例 2-5】 爬取 JSON 数据的简单实例。

【解析】 如果响应的数据是 JSON 格式,使用 response.json()来接收,代码如下:

```
import requests
response = requests.get('https://api.github.com/events')
print(response .json())
```

运行代码,打印爬取的 JSON 数据如图 2.6 所示。

```
[{'id': '19541775654',
  'type': 'CreateEvent',
  'actor': {'id': 51171534,
  'login': 'jack-hermanson',
  'display_login': 'jack-hermanson',
  'gravatar_id': '',
  'url': 'https://api.github.com/users/jack-hermanson',
  'avatar_url': 'https://avatars.githubusercontent.com/u/51171534?'},
  'repo': {'id': 395187117,
  'name': 'jack-hermanson/nica-angels',
  'url': 'https://api.github.com/repos/jack-hermanson/nica-angels'},
  'payload': {'ref': 'workspaces',
```

图 2.6 爬取的 JSON 数据部分结果截图

2.4 定制请求头部 Headers

为请求添加 HTTP 头部,需要传递一个字典参数给方法 requests.get()的形参 headers 就可以了。

【例 2-6】 发送一个带 Headers 的 POST 请求。

【解析】 定制 HTTP 头部,可以防止反爬,代码如下:

```
import requests
header = {"User - Agent":"Chrome/45"}
url = 'https://api.github.com/events'
response = requests.get(url = url, headers = header)
response.json()
```

一般情况下,爬虫程序都会定制请求头部 Headers 来避免被封,如例 2-7 爬取"知乎"网站,没有定制请求头部 Headers 会报错,所以必须定制请求头部 Headers,才可以正确爬取网页数据。

【例 2-7】 不使用无请求头部 Headers 的方式爬取知乎网。

```
import requests
zhihu_url = 'https://www.zhihu.com/explore'
response = requests.get(zhihu_url)
```

```
print(response.text)
```

提示请求报错，原因是"知乎"网站有反爬校验程序显示结果如下：

```
< html >
< head >< title > 403 Forbidden </title ></head >
< body bgcolor = "white">
< center >< h1 > 403 Forbidden </h1 ></center >
< hr >< center > openresty </center >
</body >
</html >
```

【例 2-8】 在例 2-7 基础上，制定请求头部 Headers 爬取知乎网。

```
import requests
zhihu_url = 'https://www.zhihu.com/explore'
header = {'User – Agent':'Mozilla/5.0 (Windows NT 10.0; WOW64) AppleWebKit/537.36 (KHTML, like
Gecko) Chrome/58.0.3029.110 Safari/537.36 SE 2.X MetaSr 1.0'}
response = requests.get(zhihu_url, headers = header)
print(response .text)
```

添加请求头部 Headers 之后，程序能得到正确的响应，响应结果如图 2.7 所示。

```
<!doctype html>
<html lang="zh" data-hairline="true" data-theme="light"><head><meta charSet="utf-8"/>
<title data-react-helmet="true">发现 - 知乎</title><meta name="viewport" content="wid
th=device-width, initial-scale=1, maximum-scale=1"/><meta name="renderer" content="webk
it"/><meta name="force-rendering" content="webkit"/><meta http-equiv="X-UA-Compatibl
e" content="IE=edge, chrome=1"/><meta name="google-site-verification" content="FTeR0c8
ar0PKh8c5DYh_9uu98_zJbaWw53J-Sch9MTg"/><meta name="description" property="og:descript
ion" content="知乎，中文互联网高质量的问答社区和创作者聚集的原创内容平台，于 2011 年
1 月正式上线，以「让人们更好地分享知识、经验和见解，找到自己的解答」为品牌使命。知乎
```

图 2.7　响应的文本信息部分截图

在请求头部 Headers 中，使用了 User-agent 参数。User-agent 中文名为用户代理，简称 UA，它是一个特殊字符串头，使得服务器能够识别出客户所使用的操作系统及版本、CPU 类型、浏览器及版本、浏览器渲染引擎、浏览器语言、浏览器插件等。一些网站常常通过判断 UA 来给不同的操作系统、不同的浏览器发送不同的网页，通过伪装 UA 可以绕过检测，将对应的 User-agent 封装到一个字典中，把爬虫对应的请求载体身份标识伪装成一款浏览器。它的值是一个字典类型，请求头部 Headers 的赋值方法如下所示：

```
Headers = {'User – agent':'Mozilla/5.0 (Windows NT 10.0; Win64; x64) AppleWebKit/537.36 (KHTML,
like Gecko) Chrome/85.0.4183.102 Safari/537.36'}
```

以 Chrome 浏览器为例，操作步骤对应如图 2.8 所示，在网页上找到 User-agent 的方法：打开 Chrome 浏览器→右击→检查→Network→All→Headers→复制 User-agent。如果响应资源列表中没有任何资源信息，刷新一下网页重新加载。为了避免被封，可以设置不同的 UA，循环或随机使用。

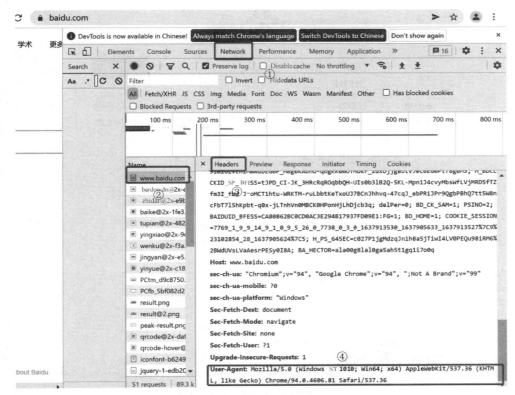

图 2.8　查看 User-agent 方法

2.5　Chrome 浏览器开发者工具面板

浏览器开发者工具是给专业的 Web 应用开发和网站开发人员使用的工具,它的作用在于帮助开发人员对网页进行布局,如 HTML＋CSS,或者帮助前端工程师更好地调试脚本等,还可以使用工具查看网页加载过程,获取网页请求。本书以 Chrome 浏览器为例,下面对 Chrome 浏览器开发者工具面板做简单介绍。

2.5.1　打开开发者工具面板

打开 Chrome 浏览器开发者工具面板有两种方法:按 F12 键或者右键选择"检查",如图 2.9 所示。

打开之后的网页如图 2.10 所示。

Chrome 浏览器开发者工具面板最常用的四个功能模块为元素(Elements)、控制台(Console)、源代码(Sources)、网络(Network)。网络爬虫用得比较多的是 Elements 面板和 Network 面板,下面介绍这两个面板的常用功能。

Elements 面板:主要用于查看或编辑 HTML 元素的属性、CSS 属性、监听事件、断点等。

Network 面板:主要用于查看 Header、Preview 等与网络连接相关的信息。

图 2.9　打开 Chrome 开发者工具面板

图 2.10　Chrome 开发者工具面板

2.5.2　Elements 面板

在爬虫应用领域,主要通过 Elements 面板查看 HTML 元素的属性,如图 2.11 所示。查看元素属性的操作步骤如下:

第①步:单击 Elements 标签,进入 Elements 面板。

第②步:单击左上角的箭头图标或按快捷键 Ctrl+Shift+C 进入选择元素模式。

第③步:网页中选择需要查看的元素,在 Elements 面板一栏中自动定位到该源码的具体位置。

第④步:手动定位到某个元素之后,复制该元素路径为爬虫程序所用。

以 XPath 为例,可以右键复制某个元素的 XPath 路径,如图 2.12 所示;也可以手动书写 XPath 路径,在 Elements 面板按快捷键 Ctrl+F,出现一个路径定位框,如图 2.13 所示。对于 XPath 语法,后面章节讲解。

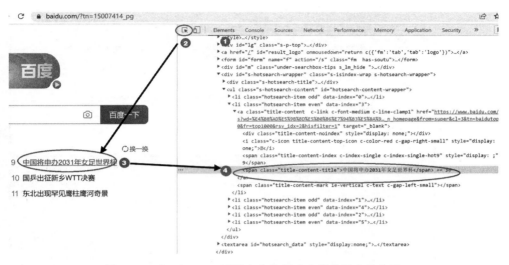

图 2.11　在 Elements 面板中定位元素在源代码中的位置

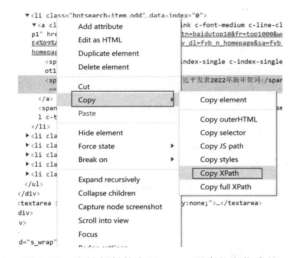

图 2.12　右键复制某个 Element 元素的定位路径

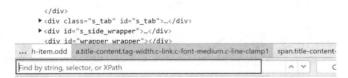

图 2.13　手动填写某个 Element 元素的定位路径

2.5.3　Network 面板

Network 面板可以记录网络请求的详情信息,从发起网页请求到分析请求后得到的各个资源信息,包括状态、资源类型、大小、所用时间、Request 和 Response 库等,并且可以以此进行网络性能优化。该面板主要包括 5 大块窗格,如图 2.14 所示。

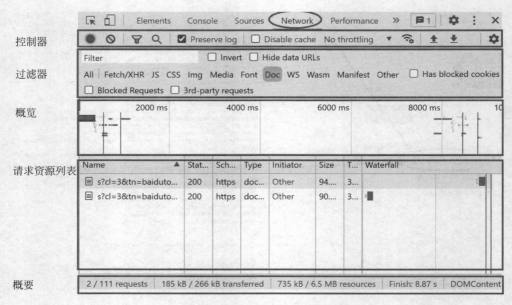

图 2.14　Network 面板

控制器(Control)：控制 Network 的外观和功能。

过滤器(Filter)：控制 Requests Table 具体显示哪些内容。

概览(Overview)：显示获取到资源的时间轴信息。

请求资源列表(Requests Table)：按资源获取的前后顺序显示所有获取到的资源信息，单击资源名可以查看该资源的详细信息。

概要(Summary)：显示总的请求数、数据传输量、加载时间信息。

1. 控制器面板

控制器面板主要是来控制 Network 的外观和功能，常用功能按钮如图 2.15 所示，其中搜索窗口在后续爬虫案例中会经常用到。

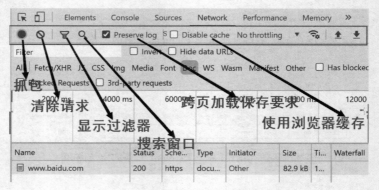

图 2.15　控制器面板按钮功能说明

2. 过滤器面板

过滤器面板主要是过滤请求资源列表中显示的资源，控制 Requests Table 具体显示哪些内容，如图 2.14 所示过滤器工具栏，表 2.3 给出了几个常用的资源类型及功能说明。

表 2.3　Network 上常用工具说明

工　具	功　能
All	查看全部响应内容
XHR	仅查看 XHR，一种不借助刷新即可传输数据的对象
Doc	Document，第 0 个请求一般在这里（第 0 个请求：浏览器的框架）
Img	仅查看响应图片
Media	仅查看响应媒体文件
JS 和 CSS	前端代码，负责发起请求和网页实现
Front	文字的字体
WS 和 Manifest	需要网络编程的知识，暂时不需要了解

默认过滤器面板上是 All 按钮，在请求资源列表里显示所有服务器响应的资源信息如图 2.16 所示。

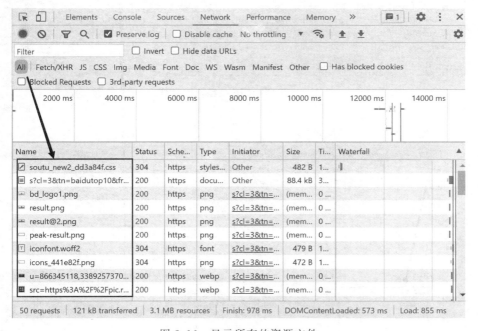

图 2.16　显示所有的资源文件

单击 JS 选项，那么在请求资源列表里将只显示以.js 为后缀的资源文件，如图 2.17 所示。

在过滤器输入框中输入 png，请求资源列表里将过滤掉其他格式的资源文件，会显示以.png 为后缀的资源文件，如图 2.18 所示。

3．请求资源列表面板

请求资源列表面板主要包括的信息如图 2.19 所示，每个信息代表的含义如表 2.4 所示。

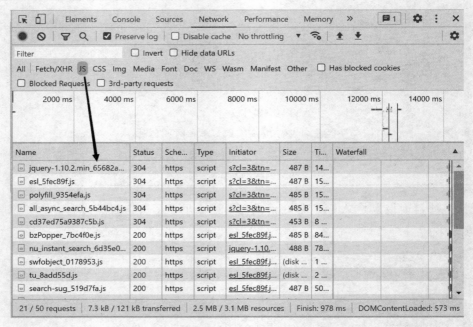

图 2.17　显示 JS 类型资源文件

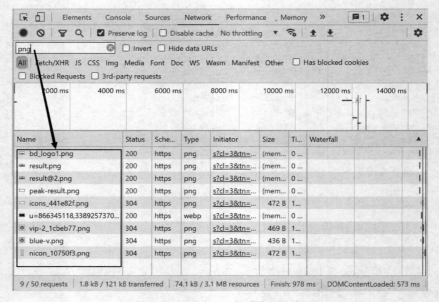

图 2.18　显示 png 格式资源文件

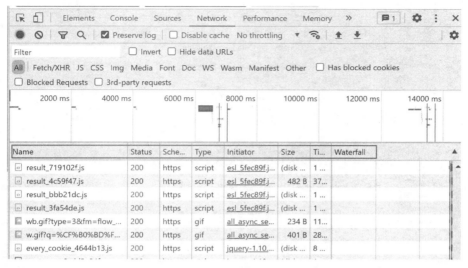

图 2.19　请求资源列表信息

表 2.4　请求资源列表信息的含义

名　　称	表　　示
Name	资源名字
Status	请求的状态
Type	请求类型,例如 XHR 和 Img
Initiator	标记请求是由哪个对象或进程发起的
Size	数据大小
Time	请求所花的时间
Waterfail	描述每个请求的起止时间

　　如果过滤器为 All,那么在请求资源列表里显示所有请求到的资源文件,单击列表中的任意一个资源文件,就可以看到该资源文件的详细信息,如图 2.20 所示,主要包括 Headers、Preview、Response、Initiator、Timing、Cookies。如果请求资源列表中没有任何资源文件,单击网页的刷新按钮重新加载一次网页。爬虫主要会用到的面板为 Headers、Preview、Response,下面围绕这三个面板展开介绍。

　　(1) Headers 面板。

　　在 Headers 标签里可以看到 Request URL、Request Method、Status Code、Remote Address 等基本信息,如图 2.21 所示。

　　在 General 栏中,可以获知响应资源文件的 Request URL 和 Request Method;在 Query String Parameters 栏或者 Form Data 栏中可以获知请求的参数信息,这些信息在爬虫中经常用到。

　　(2) Preview 面板。

　　Preview 面板主要是用来查看资源预览信息。在 Preview 面板下可以预览选中的资源信息,包括 JSON、图片、文本、JS、CSS 等。图 2.22 显示资源是.png 后缀时的预览信息。

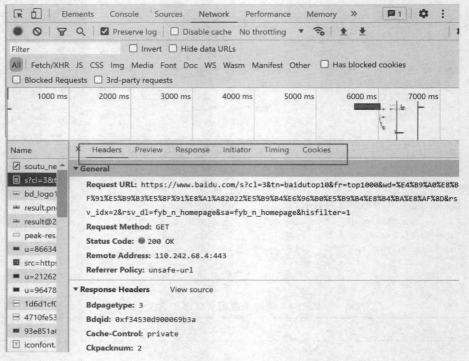

图 2.20　查看某个资源文件的详细信息

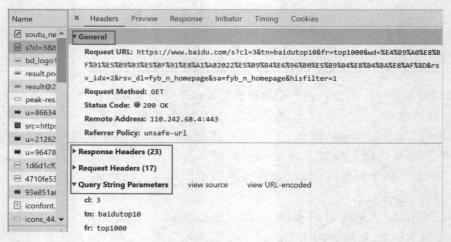

图 2.21　查看 Headers 标签中的信息

（3）Response 面板。

在 Response 面板里可根据选择的请求资源类型，如 JSON、图片、文本、JS、CSS 等显示响应资源的内容。如图 2.23 显示资源是.js 后缀时的响应内容。

Response 面板包含资源还未进行格式处理的内容。如果请求的 JS、CSS 资源文件，Response 和 Preview 面板展示结果一样，但 Response 面板不能展示图片。

图 2.22　查看资源的预览信息

图 2.23　查看资源的响应信息

（4）Cookies 面板。

如果某个响应资源在 Request 和 Response 过程中存在 Cookies 信息，则当选中该资源时 Cookies 面板会自动显示出相关的 Cookies 信息。图 2.24 显示当前资源的 Cookies 信息。

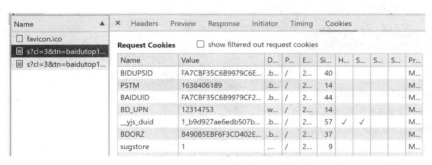

图 2.24　查看资源的 Cookies 信息

2.6　GET 请求单个网页的爬取案例

2.6.1　不带参数的 GET 请求

在爬取数据时，首先分析爬取目标的内容，然后到开发者工具面板下找到 Network 面板，再通过查看 Preview 面板来验证定位的资源文件是否正确，如果正确则去查看此响应资源文件下的 Request URL、Request Method 以及参数，以备编写爬虫程序使用。

【例 2-9】　爬取百度新闻网站首页的所有文本信息，爬取目标如图 2.25 所示。

【解析】　操作步骤如下，对应如图 2.26 所示。

第①步：右击选择"检查"菜单，打开开发者工具面板，单击 Network 标签，打开

图 2.25　百度新闻首页

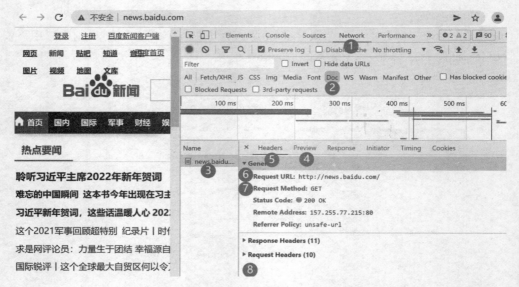

图 2.26　百度新闻首页的 Headers 信息

Network 面板，如果请求列表中没有资源文件，单击网页上的刷新按钮重新加载一次。

第②步：因为要爬取的首页数据，属于文本类型数据，在筛选器面板中单击 Doc。

第③步：查看请求资源列表，选择响应资源文件，本次只有一个文件。

第④步：并通过 Preview 预览，查看是否是需要的数据。

第⑤步：如果数据正确，单击 Headers 标签，进入 Headers 面板。

第⑥步：查看 Request URL，注意首页浏览器上的 URL 并不总是和 Request URL相同。

第⑦步：查看 Request Method 为 GET。

第⑧步：查看是否有参数，如果有参数，需要以键值对的形式添加为字典格式的参数。本案例 Headers 面板里没有请求参数。

说明：新版本的谷歌浏览器参数面板 Payload 在 Headers 面板与 Preview 面板之间。

通过上述分析，代码实现如下：

```
import requests
url = 'http://news.baidu.com/'
header = {'User - Agent':'Mozilla/5.0 (Windows NT 10.0; WOW64) AppleWebKit/ 537.36 (KHTML, like
Gecko) Chrome/58.0.3029.110 Safari/537.36 SE 2.X MetaSr 1.0'}
response = requests.get(url = url, headers = header)
with open('news.html', 'w', encoding = 'utf - 8') as fp:
    fp.write(response.text)
```

代码执行结果生成一个名为 new.html 的文档，打开文档查看结果如图 2.27 所示。

图 2.27　爬取并保存的数据部分截图

2.6.2　携带参数的 GET 请求

Requests 提供 params 形参来传递参数，参数封装到字典中，多个参数写成多个键值对。

【例 2-10】　携带参数的 GET 请求形式。

```
parameter = {"key1":"value1", "key2":"value2"}
response = requests.get("http://httpbin.org/get", params = parameter)
print(response.url)
```

其中，parameter 处理 URL 携带的参数封装到字典中，并将 params = parameter 放在 requests.get()方法中。

【例 2-11】　在"百度"搜索引擎输入一个关键词，会返回一个搜索结果，把此搜索结果的网页爬取下来，如图 2.28 所示。

【解析】　操作步骤如下，对应如图 2.29 所示。

第①步：单击 Network 面板，如果请求列表中没有资源文件，单击网页上的刷新按钮重新加载一次。

第②步：因为要爬取首页数据，属于文本类型数据，在筛选器面板中单击 Doc。如果不清楚对应资源类型，后续会介绍如何找到对应的请求资源文件。

图 2.28　搜索与"爬虫"有关的网页标题

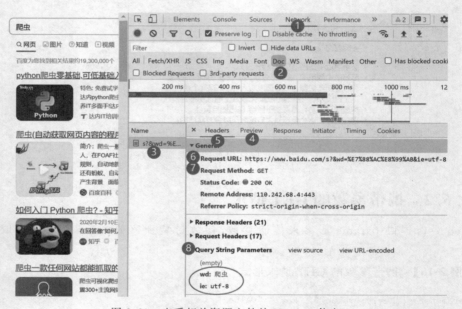

图 2.29　查看相关资源文件的 Headers 信息

第③步：在请求资源列表中单击对应文件。

第④步：通过 Preview 预览，确认是否是需要的数据。

第⑤步：如果数据正确，单击对应的 Headers 标签，进入 Headers 面板；如果数据不正确，去请求资源列表中选中下一个文件。

第⑥步：查看 Request URL。

第⑦步：查看 Request Method 为 GET 方法。

第⑧步：查看是否有参数，如果有参数，需要以键值对的形式添加参数。

在第⑥步中，Request URL 为"https://www.baidu.com/s?&wd=%E7%88%AC%E8%99%AB&ie=utf-8"，之前讲解过，问号后面"?&wd=%E7%88%AC%E8%99%AB&ie=utf-8"是 URL 携带的参数，通过比对发现和第⑧步中的参数相同，那么在发送

GET 请求时,有两种 URL 请求方式。

(1) 参数放在请求的 URL 中,即 url＝https://www.baidu.com/s?&wd＝％E7％88％AC％E8％99％AB&ie＝utf-8,那么程序的 GET 请求语句就不需要再设置形参 params 的值。

(2) 请求的 URL 中不包含参数,只有"?"前面部分,即 url＝https://www.baidu.com/s,参数字典格式放在 params 中,GET 请求方式如下所示:

```
response = requests.get(url = url, params = param, headers = headers)
```

通常建议使用第(2)种参数形式,这样代码比较灵活,可以通过变量灵活地控制参数的值。代码实现如下:

```
import requests
headers = {
    'User - Agent':'Mozilla/5.0 (Windows NT 10.0; Win64; x64) AppleWebKit/537.36 (KHTML, like
Gecko) Chrome/85.0.4183.102 Safari/537.36' }
url = "http://www.baidu.com/s"
kw = input('输入一个关键词')
param = {'wd':kw}
response = requests.get(url = url, params = param, headers = headers)
page_text = response.text
filename = kw + '.html'
with open(filename, 'w', encoding ='utf - 8')as fp:
    fp.write(page_text)
```

测试程序,如图 2.30 所示,输入"爬虫",保存一个"爬虫.html"文档,如果输入其他词,将获得与其相关的响应数据文档。保存到本地的以.html 为后缀的网页,并用浏览器打开,如图 2.31 所示。

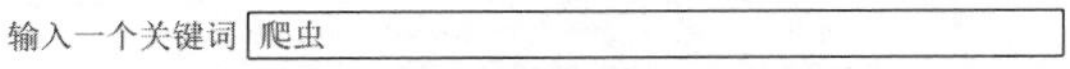

输入一个关键词 爬虫

图 2.30　程序执行输入数据

图 2.31　爬取的数据文档用浏览器展示结果

第3章

JSON 数据爬取

JSON 是一种轻量级的数据交换格式。在了解 JSON 之前先来了解一下 Ajax 技术。

3.1　Ajax

3.1.1　Ajax 技术

有时在用 Requests 爬取网页时,得到的结果可能和在浏览器中看到的不一样。在浏览器中正常显示的网页数据,但是对网页 URL 发送请求爬取的结果并不包括想要的数据,如下面这个例子。

【例 3-1】　爬取腾讯技术类招聘首页所有招聘岗位的基本信息,爬取目标如图 3.1 所示。

图 3.1　截取腾讯技术类招聘当前页面

【解析】　操作步骤如下,对应如图 3.2 所示。

第①步:打开 Network 面板。

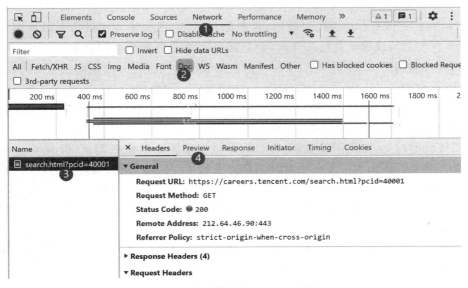

图 3.2　查看首页的 Headers 信息

第②步：按照第 2 章所讲的案例，单击 Doc 按钮，在请求列表中只有一个 Doc 类型的文件。

第③步：单击请求资源列表中的文件。

第④步：单击查看对应的 Preview，预览发现并没有对应的招聘信息，如图 3.3 所示。

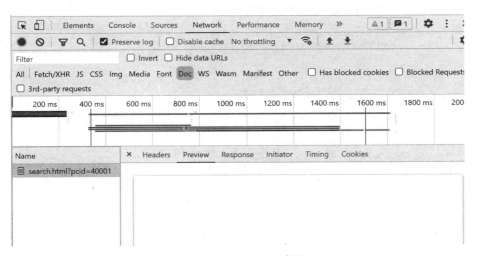

图 3.3　查看 Preview 信息

这是因为此网页中的各种招聘信息是经过 JavaScript 处理后生成的数据，这些数据的来源有多种，可能是通过 Ajax 加载的，也可能是包含在 HTML 文档中的，还有可能是经过 JavaScript 和特定算法计算后生成的。

对于第一种情况，数据加载是一种异步加载方式，原始的网页最初不会包含某些数据，原始网页加载完后，会再向服务器请求某个接口获取数据，然后数据才被处理，从而呈现到网页上，这就是发送了一个 Ajax 请求。随着 Web 的发展，这种形式的网页越来越多。网页的原始 HTML 文档不会包含任何数据，数据都是通过 Ajax 统一加载后再呈现出来的，这样在 Web 开发上可以做到前后端分离，而且降低服务器直接渲染网页带来的压力。所以，如果遇到这样的网页，直接利用 Requests 库来爬取原始网页是无法获取到需要的数据的。

Ajax，全称为 Asynchronous JavaScript and XML，即异步的 JavaScript 和 XML。它不是一门编程语言，而是利用 JavaScript 在保证网页不被刷新、网页链接不改变的情况下与服务器交换数据并更新部分网页的技术。

对于传统的网页，如果需要更新其内容，那么必须要刷新整个网页，但有了 Ajax，便可以在网页不被全部刷新的情况下更新其内容。在这个过程中，网页实际上是在后台与服务器进行了数据交互，爬取数据之后，再利用 JavaScript 改变网页，这样网页内容就更新了。简单地说，在用户浏览网页的同时，局部更新网页中一部分数据。Ajax 提高用户浏览网站应用的体验感。

下面简单了解一下，从发送 Ajax 请求到网页更新这一网页内容加载过程的操作步骤，可以分为 3 步。

1. 发送请求

JavaScript 可以实现网页的各种交互功能，Ajax 也不例外，它也是由 JavaScript 实现的，如图 3.4 所示。

```
var xmlhttp;
if (window.XMLHttpRequest) { ❶
  xmlhttp=new XMLHttpRequest();
} else {
  xmlhttp=new ActiveXObject("Microsoft.XMLHTTP");
}
xmlhttp.onreadystatechange=function() { ❷
  if (xmlhttp.readyState==4 && xmlhttp.status==200) {
    document.getElementById("myDiv").innerHTML=xmlhttp.responseText;
  }
}
xmlhttp.open("POST","/ajax/",true); ❸
xmlhttp.send();
```

图 3.4　Ajax 代码

这是 JavaScript 对 Ajax 最底层的实现。

第①步：新建了 XMLHttpRequest 对象。

第②步：调用 onreadystatechange 属性设置了监听。

第③步：调用 open()和 send()方法向服务器发送了请求。

由 JavaScript 来完成发送请求，由于设置了 onreadystatechange 监听，所以当服务器返回响应时，onreadystatechange 对应的方法便会被触发，然后在这个方法里解析响应内容。

2. 解析当前页内容

得到响应之后，onreadystatechange 属性对应的方法便会被触发，此时利用 xmlhttp 的 responseText 属性便可爬取到响应内容。这类似于 Python 中利用 Requests 库向服务器发起请求，然后得到响应的过程。那么返回内容可能是 HTML，也可能是 JSON，接下来只需要在方法中用 JavaScript 进一步处理即可。例如，如果是 JSON 的话，可以进行解析和转化。

3．渲染网页

JavaScript 有改变网页内容的能力，解析完响应内容之后，就可以调用 JavaScript 来针对解析完的内容对网页进行下一步处理。例如通过 document.getElementById().innerHTML 这样的操作，便可以对某个元素内的源代码进行更改，网页显示的内容跟着改变，这样的操作也被称作 DOM 操作，即对 Document 网页文档进行操作，如更改、删除等。

前面 document.getElementById("myDiv").innerHTML = xmlhttp.responseText 是将 ID 为 myDiv 的节点内部的 HTML 代码更改为服务器返回的内容，myDiv 元素内部便会呈现出服务器返回的新数据，网页的部分内容就更新了。

那么 Ajax 异步动态加载的数据在爬虫时应该如何爬取？

3.1.2 分析数据来源

以 Chrome 浏览器为例，分析例 3-1 中腾讯招聘官网上的技术类招聘职位数据来源。

URL 地址为 https://careers.tencent.com/search.html?pcid＝40001。操作步骤如下，对应如图 3.5 所示。

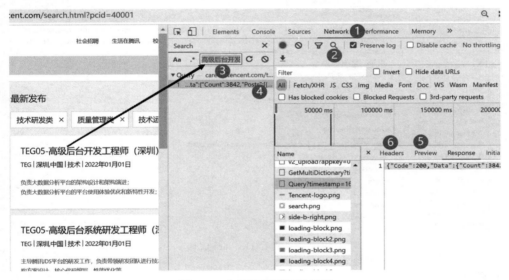

图 3.5 分析数据源解析流程

第①步：打开 Network 面板。

第②步：单击控制器上的搜索按钮，出现了一个搜索栏。

第③步：在搜索框输入需要爬取数据内容的任意某几个字，如输入"高级后台开发"。

第④步：在搜索得到的结果中单击最里层数据，请求资源列表栏会自动出现对应的 Response 面板，从此面板里可以查看数据是否为需要的数据。

第⑤步：单击 Preview 标签，查看响应资源数据的预览信息，如图 3.6 所示。

第⑥步：单击 Headers 标签，查看响应资源数据的 Headers 信息，如图 3.7 所示，找到请求地址 Request URL、请求方法 Request Method 和查询参数 Query string Parameters，为写爬虫程序做准备。

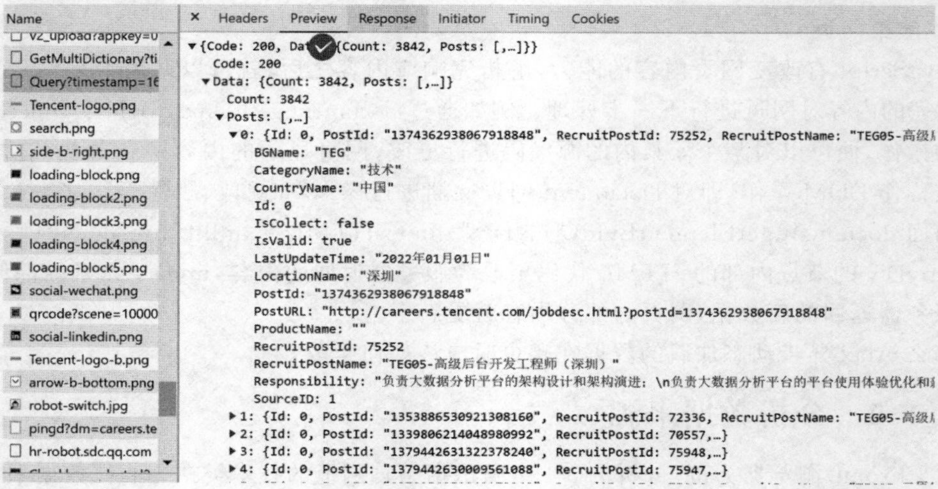

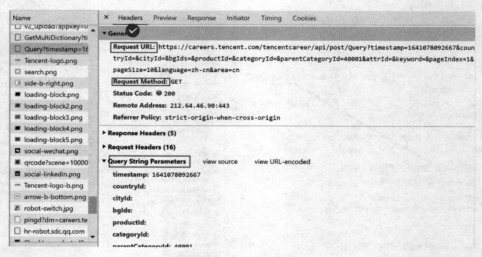

图 3.6　查看 Preview 信息

图 3.7　查看 Headers 信息

代码如下：

```
import requests
headers = {
    'User-Agent':'Mozilla/5.0 (Windows NT 10.0; Win64; x64) AppleWebKit/537.36 (KHTML, like
Gecko) Chrome/85.0.4183.102 Safari/537.36' }
url = "https://careers.tencent.com/tencentcareer/api/post/Query"
keys = {
    'timestamp':'1641078092667',
    'countryId':'',
    'cityId': '',
    'bgIds': '',
    'productId': '',
    'categoryId': '',
    'parentCategoryId': '40001',
    'attrId': '',
```

```
    'keyword':'',
    'pageIndex': '1',
    'pageSize': '10',
    'language': 'zh - cn',
    'area': 'cn'
}
response = requests.get(url = url, headers = headers, params = keys)
response.json()
```

补充说明,查看 Headers 面板,发现参数栏里查询参数有 13 个参数,如果不确定哪些有用,哪些没用,直接全部以键值对的形式存在字典参数中,空值赋值为空字符串就可以。

程序执行的结果如图 3.8 所示。

```
{'Code': 200,
 'Data': {'Count': 3842,
  'Posts': [{'Id': 0,
    'PostId': '1374362938067918848',
    'RecruitPostId': 75252,
    'RecruitPostName': 'TEG05-高级后台开发工程师(深圳)',
    'CountryName': '中国',
    'LocationName': '深圳',
    'BGName': 'TEG',
    'ProductName': '',
    'CategoryName': '技术',
    'Responsibility': '负责大数据分析平台的架构设计和架构演进;\n负责大数据分析平台的平台使用体验优化和新特性开发;\n负责大数据分析平台各
模块性能优化和日常运维\n',
    'LastUpdateTime': '2022年01月01日',
    'PostURL': 'http://careers.tencent.com/jobdesc.html?postId=1374362938067918848',
    'SourceID': 1,
    'IsCollect': False,
```

图 3.8 执行结果的部分截图

通过查看程序执行结果可以得知,这是一个 JSON 字符串,为了帮助实现后续的数据分析,下面介绍一下 JSON 数据的基本语法。

3.2 JSON

JSON(JavaScript Object Notation)是一种轻量级的数据交换格式。它使得人们很容易地进行阅读和编写,同时也方便机器进行解析和生成。它是基于 JavaScript Programming Language,Standard ECMA-262 3rd Edition-December 1999 的一个子集。JSON 采用完全独立于程序语言的文本格式,使用类似 C 语言的习惯(包括 C、C++、C♯、Java、JavaScript、Perl、Python 等),这些特性使 JSON 成为理想的数据交换语言。JSON 主要基于两种结构:

(1)"名称/值"对的集合。

"名称/值"对在不同的编程语言中,分别被理解为对象、记录、结构、字典、哈希表、有键列表,或者关联数组等。

(2)值的有序列表。

在大部分语言中,值的有序列表被实现为数组、矢量、列表、序列等。

以上这些都是常见的数据结构。目前,绝大部分编程语言都以某种形式支持它们,这使得在各种编程语言之间交换同样格式的数据成为可能。

3.2.1 JSON 语法规则

JSON 具有以下形式。

1. 值

值 value 可以是双引号括起来的字符串 string、数值 number、逻辑值 true 或 false、null、对象 object 或者数组 array 等，并且这些结构可以嵌套，如图 3.9 所示。

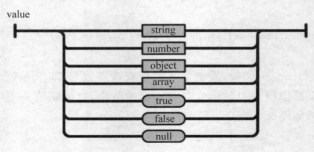

图 3.9　JSON 值语法规则

2. 字符串

字符串 string 是由双引号包围的任意数量 Unicode 字符的集合，使用反斜线转义。一个字符 character 即一个单独的字符串 character string。JSON 的字符串 string 与 C 或者 Java 的字符串非常相似，如图 3.10 所示。

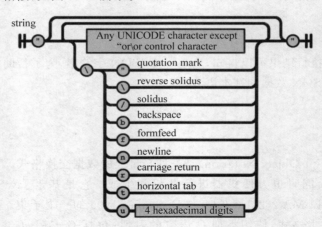

图 3.10　JSON 字符串语法规则

3. 数值

数值 number，也与 C 或者 Java 的数值非常相似，如图 3.11 所示。只是 JSON 的数值没有八进制与十六进制格式。

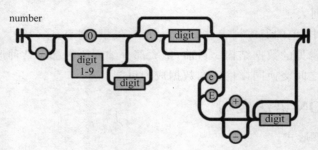

图 3.11　JSON 数值语法规则

4. 对象

对象 object 是一个无序的"名称/值"对集合。一个对象以左括号"{"开始,以右括号"}"结束。每个"名称"后跟一个冒号":","名称/值"对之间使用逗号","分隔,如图 3.12 所示。

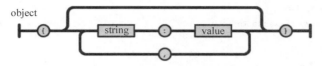

图 3.12　JSON 对象语法规则

【例 3-2】　一个 JSON 对象实例。

```
{
    "name":"Jack",
    "at large": true,
    "grade": "A",
    "format": {
        "type":"rect",
        "width": 1920,
        "height":1080,
        "interlace": false,
        "framerate": 24
    }
}
```

5. 数组

数组 array 是值 value 的有序集合。一个数组以左中括号"["开始,以右中括号"]"结束。值之间使用逗号","分隔,如图 3.13 所示。

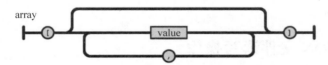

图 3.13　JSON 数组语法规则

【例 3-3】　一个包含三个对象的 JSON 对象。

```
{
    "name": "JSON 中国",
    "url": "http://www.json.org.cn",
    "links": [
        {"name": "Google","url": "http://www.google.com" },
        { "name": "Baidu","url": "http://www.baidu.com" },
        { "name": "SoSo", "url": "http://www.SoSo.com" } ]
}
```

3.2.2　访问 JSON 数据

JSON 语法格式中,对象类似于 Python 的字典,数组类似于 Python 的列表,通过索引访问数组中的对象,索引从 0 开始。

【例 3-4】 访问下面这个 JSON 对象中的某个值，如取出"links"中"http://www. SoSo. com"值。

```
infor = {
    "name": "JSON 中国",
    "url": "http://www. json. org. cn",
    "links": [
        {"name": "Google","url": "http://www. google. com" },
        { "name": "Baidu","url": "http://www. baidu. com" },
        { "name": "SoSo", "url": "http://www. SoSo. com" } ]
    }
```

【解析】 JSON 对象类似于 Python 的字典，通过键可以取出值。JSON 数组类似 Python 列表，通过索引定位，索引从 0 开始。

```
infor['links']
```

输出值：

```
[{'name': 'Google', 'url': 'http://www. google. com'},
 {'name': 'Baidu', 'url': 'http://www. baidu. com'},
 {'name': 'SoSo', 'url': 'http://www. SoSo. com'}]
infor['links'][2]
```

输出值：

```
{'name': 'SoSo', 'url': 'http://www. SoSo. com'}
infor['links'][2]['url']
```

输出值：

```
'http://www. SoSo. com'
```

3.2.3 JSON 文件读写操作

JSON 的文件类型后缀是. json，爬取下来的 JSON 数据以. json 格式保存，在 Python 中使用 json. dump()和 json. load()实现 JSON 文件的读写操作。

【例 3-5】 把一个名为"infor"的 JSON 对象存储为文件。

```
import json
infor = {
    "name": "JSON 中国",
    "url": "http://www. json. org. cn",
    "links":
        [{"name": "Google","url": "http://www. google. com" },
        { "name": "Baidu","url": "http://www. baidu. com" },
        { "name": "SoSo", "url": "http://www. SoSo. com" } ]
        }
with open('jsonfile. json', 'w') as fp:
    json. dump(infor, fp)
```

执行完程序，打开本地 jsonfile. json 文件，查看结果如图 3.14 所示。

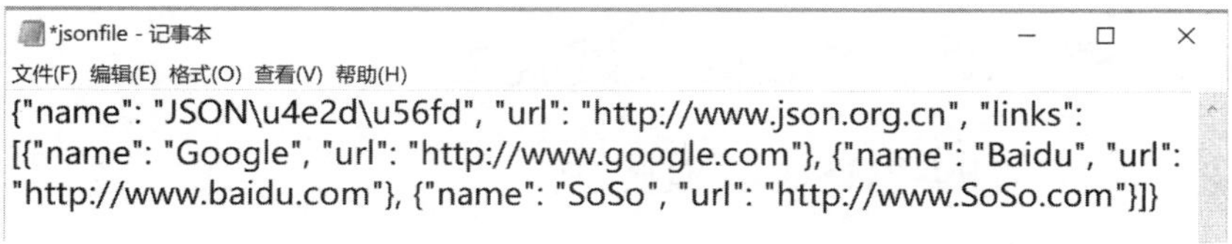

图 3.14　jsonfile.json 信息

【例 3-6】　读取例 3-5 得到的 jsonfile.json 文件数据，并打印输出。

```
import json
with open('jsonfile.json') as file_obj:
    numbers = json.load(file_obj)
    print(numbers)
```

程序执行结果如图 3.15 所示。

```
{'name': 'JSON中国', 'url': 'http://www.json.org.cn', 'links': [{'name': 'Google', 'ur
l': 'http://www.google.com'}, {'name': 'Baidu', 'url': 'http://www.baidu.com'}, {'nam
e': 'SoSo', 'url': 'http://www.SoSo.com'}]}
```

图 3.15　JSON 文件数据读取结果

3.2.4　JSON 数据校验和格式化

不论是从例 3-5 中写入文档中的 JSON 数据，还是从文档中读出来的 JSON 数据，数据之间的层级关系都不够清晰。目前有很多网站提供 JSON 数据在线编辑工具，把层级不清晰的 JSON 数据格式化为清晰的层级关系。

例如网站 http://www.json.org.cn/tools/JSONLint/index.htm 提供了 JSON 校验和格式化功能。把例 3-5 得到的 jsonfile.json 文档中的数据复制到此网站编辑区域，单击格式化之后效果如图 3.16 所示，展现出了清晰的数据层级关系。

图 3.16　JSON 在线格式化结果

3.3 Ajax 异步动态加载的数据爬虫

3.3.1 带参数的 POST 请求爬虫

【例 3-7】 爬取网站 https://www.bjotc.cn/listing/list2.html?key＝113,-1 中各公司名称和相关企业介绍信息,爬取对象如图 3.17 所示。

图 3.17　爬取对象

爬取这些公司数据,首先要找到数据所在的资源文件,然后对资源文件发送请求。操作步骤如下,对应如图 3.18 所示。

第①步：打开 Network 面板。

第②步：在控制器工具栏单击搜索工具。

第③步：在出现的搜索框中输入要爬取的数据中的任意几个字。

第④步：单击对应反馈的搜索结果。

第⑤步：请求列表自动停留在 Response 面板。

第⑥步：单击 Preview 标签,预览数据,确认数据是否正确,如图 3.19 所示。

第⑦步：单击 Headers 标签,查看该资源文件 Headers 信息,如图 3.20 所示,找到 Request URL,Request Method,Form Data,为写爬虫程序作准备。

通过查看头部信息可知,这是一个带参数的 POST 请求,POST 请求方法如下所示：

response = requests.post(url = url,headers = headers,data = keys)

其中形参名为 data。

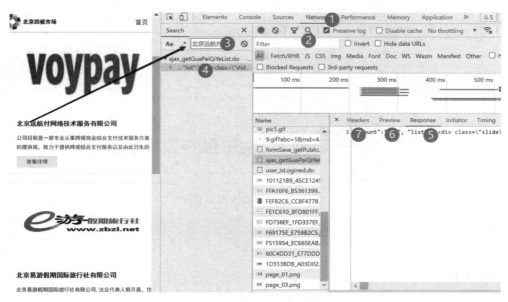

图 3.18 查找数据所在的资源文件

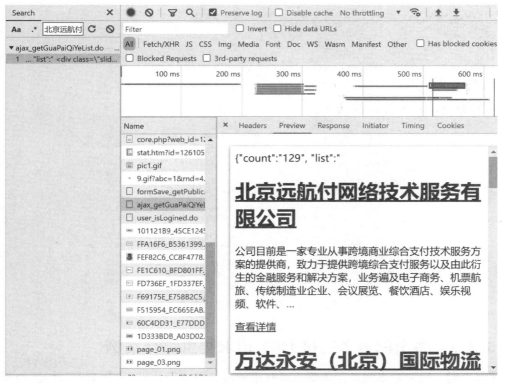

图 3.19 查看预览信息

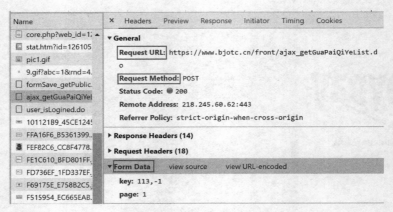

图 3.20　查看头部信息

代码如下：

```
import requests
import json
headers = {
    'User - Agent':'Mozilla/5.0 (Windows NT 10.0; Win64; x64) AppleWebKit/537.36 (KHTML, like
Gecko) Chrome/85.0.4183.102 Safari/537.36' }
url = "https://www.bjotc.cn/front/ajax_getGuaPaiQiYeList.do"
keys = {
    "key": "113, - 1",
    "page": "1"
}
response = requests.post(url = url, headers = headers, data = keys)
response.text
```

程序执行结果如图 3.21 所示。

'{"count":"129", "list":" <div class=\\"slide\\"><a href=\\"../content/details_113_3504
8.html\\" target=\\"bank\\" class=\\"tran_scale\\"><img src=\\"/photos/101121B9_45CE124
5.jpg\\" class=\\"ratio-img\\" onerror=\\"lod(this)\\"></a><div class=\\"text\\"><h1 cl
ass=\\"ellipsis\\"><a href=\\"../content/details_113_35048.html\\" target=\\"bank\\">北
京远航付网络技术服务有限公司</a></h1><p>公司目前是一家专业从事跨境商业综合支付技术服务
方案的提供商，致力于提供跨境综合支付服务以及由此衍生的金融服务和解决方案，业务遍及电子
商务、机票航旅、传统制造业企业、会议展览、餐饮酒店、娱乐视频、软件、……</p><a class=
\\"detail\\" href=\\"../content/details_113_35048.html\\" target=\\"bank\\">查看详情</a
> </div></div> <div class=\\"slide\\"><a href=\\"../content/details_113_35047.html\\" t
arget=\\"bank\\" class=\\"tran_scale\\"><img src=\\"/photos/FFA16F6_B5361399.png\\" cla
ss=\\"ratio-img\\" onerror=\\"lod(this)\\"></a><div class=\\"text\\"><h1 class=\\"ellip
sis\\"><a href=\\"../content/details_113_35047.html\\" target=\\"bank\\">万达永安（北
京）国际物流有限公司</a></h1><p>万达永安（北京）国际物流有限公司，成立时间于2008年9月10
日，注册资本500万元。万达永安是一家集仓储、包装、物流运输、信息处理、供应链咨询、动产监
管等为一体的第三方仓储物流服务企业。主要经营范围……</p> <a class=\\"detail\\" href=
\\"../content/details_113_35047.html\\" target=\\"bank\\">查看详情</a> </div></div> <di
v class=\\"slide\\"><a href=\\"../content/details_113_35046.html\\" target=\\"bank\\" c

图 3.21　爬取数据结果部分截图

3.3.2　多个网页多链接 GET 请求爬虫综合案例

【例 3-8】　爬取腾讯网站上各职业所有招聘岗位的详细数据，包括名称、地址、类别、时间、工作职责、工作要求等数据，爬取目标如图 3.22 所示。

最终需要爬取的目标数据包括技术类，产品类，内容类，设计类，销售、服务与支持类，人

图 3.22　各招聘分类

力资源类共 6 类；在 Web 上打开某一职业类进入新的网页，可以看到这一类职业的多个招聘岗位；打开每个岗位链接，再次进入新的网页爬取具体岗位的详细招聘数据，爬取目标如图 3.23 所示。所以这个爬虫过程需要多次翻页操作，直到找到具体的每一个岗位的招聘信息，收集到数据之后返回上一页，去收集下一页数据，所有页收集完成之后返回上一类。

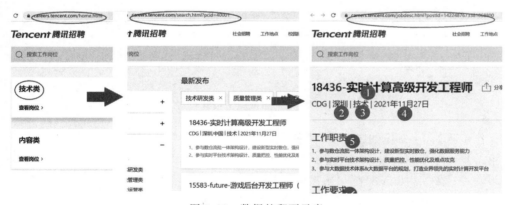

图 3.23　数据的翻页示意

主要解题思路分析如下：

第①步：查看如图 3.23 所示的每一个页面的 Network 面板，可以发现招聘数据不是静态网页，是实时动态加载的。

第②步：因为是动态加载的数据，通过查看可知请求得到的资源数据是 JSON 格式。

第③步：从 JSON 文件中解析出每个职业类的类 ID，以及每个岗位的 PostId。

第④步：PostId 作为参数控制进入每个岗位，从而获取每个岗位的详细数据。

第⑤步：整个操作从内到外进行，首先爬取某一个招聘岗位的具体信息，然后爬取某一页所有招聘岗位的具体信息，然后爬取某一类所有页所有招聘岗位的具体信息，最后实现爬取多类所有页所有招聘岗位的具体信息。

下面从内到外逐步实现上述操作过程。

1. 单个招聘岗位的详细数据爬取

这一步主要是实现爬取某一个招聘岗位的详细信息，包括名称、地址、类别、时间、工作职责、工作要求数据，并存到 CSV 文件中，如图 3.24 所示。

图 3.24　单个岗位需要爬取的数据

操作步骤如下，对应如图 3.25 所示。

第①步：打开 Network 面板。

第②步：在控制器工具栏单击搜索工具。

第③步：在出现的搜索框，输入要爬取的数据中的几个字。

第④步：单击下面反馈的搜索结果。

第⑤步：请求列表资源自动被选中，而且默认停留在 Response 面板，该响应的数据是一个 JSON 数据。

第⑥步：单击 Preview，预览数据，确认是否为想要的数据，如图 3.26 所示。

第⑦步：查看该资源文件的头部信息，如图 3.27 所示，找到 Request URL、Request Method、Form Data，为写爬虫程序作准备。

代码实现如下：

```
import requests
```

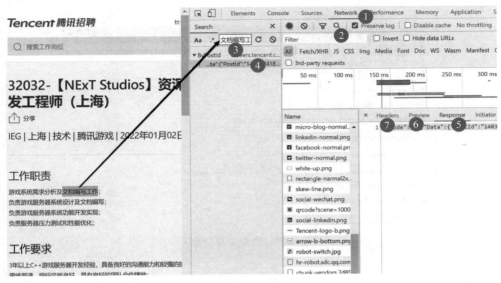

图 3.25　定位资源数据

```
× Headers  Preview  Response  Initiator  Timing  Cookies
▼{Code: 200, Data: {PostId: "1403024182085689344", RecruitPostId: 79007,…}}
    Code: 200
  ▼Data: {PostId: "1403024182085689344", RecruitPostId: 79007,…}
      BGId: 956
      BGName: "IEG"
      CategoryName: "技术"
      IsCollect: false
      LastUpdateTime: "2022年01月02日"
      LocationId: 3
      LocationName: "上海"
      OuterPostTypeID: "40001001"
      PostId: "1403024182085689344"
      PostURL: "http://careers.tencent.com/jobdesc.html?postId=1403024182085689344"
      ProductName: "腾讯游戏"
      RecruitPostId: 79007
      RecruitPostName: "32032-【NExT Studios】资深后台开发工程师（上海）"
      Requirement: "3年以上C++游戏服务器开发经验，具备良好的沟通能力和较强的抗压能力；\n思维严
      Responsibility: "游戏系统需求分析及文档编写工作；\n负责游戏服务器系统设计及文档编写；\n1
      SourceID: 1
```

图 3.26　预览数据

```python
headers = {
    'User - Agent':'Mozilla/5.0 (Windows NT 10.0; Win64; x64) AppleWebKit/537.36 (KHTML, like
Gecko) Chrome/85.0.4183.102 Safari/537.36' }
url = "https://careers.tencent.com/tencentcareer/api/post/ByPostId"
keys = {
    'timestamp': '1638020073688',
    'postId': '1422487673381068800',
    'language': 'zh - cn'
}
response = requests.get(url = url, headers = headers, params = keys)
response.json()
```

程序执行结果如图 3.28 所示。

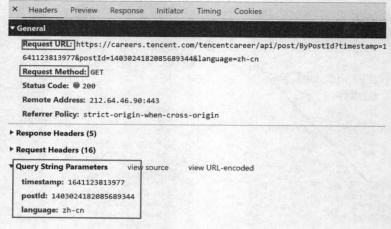

图 3.27　查看头部信息

```
{'Code': 200,
 'Data': {'PostId': '1422487673381068800',
 'RecruitPostId': 81532,
 'RecruitPostName': '18436-实时计算高级开发工程师',
 'LocationId': 1,
 'LocationName': '深圳',
 'BGId': 953,
 'BGName': 'CDG',
 'OuterPostTypeID': '40001001',
 'CategoryName': '技术',
 'ProductName': '',
 'Responsibility': '1、参与数仓流批一体架构设计，建设新型实时数仓，强化数据服务能力\n2、参与实时平台技术架构设计、质量把控、性能优化及难点
攻克\n3、参与大数据技术体系&大数据平台的规划，打造业界领先的实时计算开发平台',
 'Requirement': '1、计算机或相关专业本科及以上学历，大数据方向5年以上相关工作经验\n2、熟悉大数据生态组件，包括Hadoop、Hive、Spark、Hbase、F
link、Kafka等，对一种或多种有深入的理解\n3、熟练使用Flink，并且对Flink的底层原理有很深的理解\n4、熟练使用Java，Python，Scala语言中一种或者多
种，有大数据量、高并发处理经验，有处理上亿用户数据的经验优先',
 'LastUpdateTime': '2021年12月27日',
 'PostURL': 'http://careers.tencent.com/jobdesc.html?postId=1422487673381068800',
 'SourceID': 1,
 'IsCollect': False}}
```

图 3.28　一个岗位的招聘信息

爬取的 JSON 数据，可以直接保存成后缀为 .json 的类型文件，也可以把 JSON 数据解析和提取，并通过 Pandas 保存成后缀为 .csv 的文件，代码如下：

```
import pandas as pd
infor = response.json()
row = [infor['Data']['RecruitPostName'], infor['Data']['LocationName'], infor['Data']
['CategoryName'], infor['Data']['LastUpdateTime'], infor['Data']['Responsibility'], infor['Data']
['Requirement']]
headers = ['岗位','地址','类别','时间','职责','要求']
dict_infor = dict(zip(headers,row))
dataframe = pd.DataFrame(dict_infor, index = [0])
dataframe.to_csv('position.csv', mode = 'a', index = False, sep = ',', header = False)
```

执行程序，打开保存成后缀为 .csv 的文件，结果如图 3.29 所示。

2. 单个网页多链接数据爬取

上一步实现了单个岗位详细信息的爬取，下面要爬取上一个网页中所有岗位的详细数据信息。爬取目标如图 3.30 所示。

| 18436-实时计算高级开发工程师 | 深圳 | 技术 | 2021年12月27日 | 1、参与数仓流批一体架构设计，建设新型实时数仓，强化数据服务能力
2、参与实时平台技术架构设计、质量把控、性能优化及难点攻克
3、参与大数据技术体系&大数据平台的规划，打造业界领先的实时计算开发平台 | 1、计算机或相关专业本科及以上学历，大数据方向5年以上相关工作经验
2、熟悉大数据生态组件，包括Hadoop、Hive、Spark、Hbase、Flink、Kafka等，对一种或多种有深入的理解
3、熟练使用Flink，并且对Flink的底层原理有很深的理解
4、熟练使用Java、Python、Scala语言中一种或者多种，有大数据量、高并发处理经验，有处理上亿用户数据的经验优先 |

图 3.29　保存成后缀为.csv 的文件内容

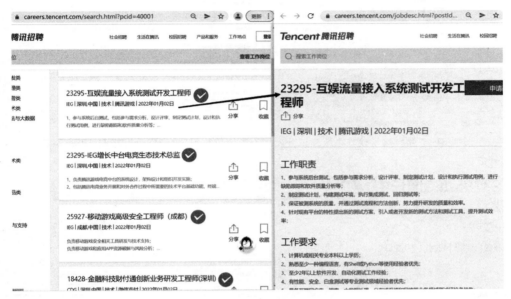

图 3.30　所有岗位的爬取目标

打开每个待爬取岗位的 Network 面板，查看要爬取的头部 Headers 面板，发现每个详情页有一个共性：Request URL 和 Request Method 方法相同，而参数 Form Data 不同，如图 3.31 和图 3.32 所示。

【说明】　"timestamp"是时间戳参数，由系统自动生成，这个参数可以直接复制过来。

既然 Request URL 和 Request Method 方法相同，参数不同，那么就可以使用同一个爬虫程序，只需要传递不同 PostId 参数就可以。参数不同，爬取的数据就是不同招聘岗位的具体数据。那么如何找到每个岗位的 PostId 呢？通过分析，可以发现这个参数在岗位浏览页信息中，如图 3.33 所示。此网页中数据仍然是动态加载 JSON 数据，定位数据资源的方法和前面相同，这里不再赘述，只需要观察一下数据的特点。

定位到要爬取的数据，在预览信息里可查看数据是 JSON 格式，并且里面包括了每个岗位的 PostId，只需要从 JSON 数据里解析出 PostId，把它作为参数传给上一步程序就可以了。下面，来爬取招聘岗位浏览页的 JSON 数据，首先去查看该招聘岗位浏览页所对应Headers 信息，如图 3.34 所示。

代码如下：

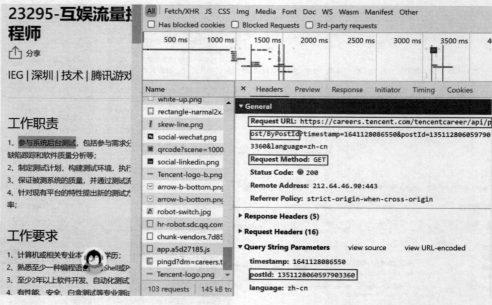

图 3.31 "互娱流量接入系统测试开发工程师岗位数据"响应资源头部 Headers 面板

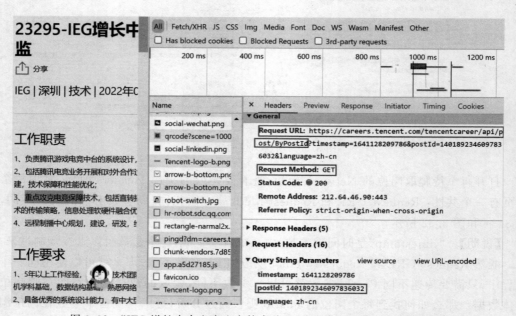

图 3.32 "IEG 增长中台电竞生态技术总监"响应资源头部 Headers 面板

```python
import requests
headers = {
    'User-Agent':'Mozilla/5.0 (Windows NT 10.0; Win64; x64) AppleWebKit/537.36 (KHTML, like Gecko) Chrome/85.0.4183.102 Safari/537.36' }
url = "https://careers.tencent.com/tencentcareer/api/post/Query"
keys = {
    'timestamp': '1638023920104',
```

图 3.33 查看预览 Preview 面板

图 3.34 查看岗位浏览页所对应的头部信息

```
    'countryId': '',
    'cityId': '',
    'bgIds': '',
    'productId': '',
    'categoryId': '',
    'parentCategoryId': '40001',
    'attrId': '',
    'keyword': '',
    'pageIndex': '1',
    'pageSize': '10',
    'language': 'zh-cn',
    'area': 'cn'
}
response1 = requests.get(url = url, headers = headers, params = keys)
postinfor = response1.json()
for i in postinfor['Data']['Posts']:
        print(i['PostId'])
```

代码执行的结果如下：

```
1403024182085689344
1351128060597903360
1401892346097836032
1370254025882083328
1446372730491379712
1422401488839254016
1409423315281387520
1435525814299926528
1424556800878845952
1244541464873013248
```

成功地爬取到每个招聘岗位的 PostId，把 PostId 存放在列表中，循环调用上一步的爬取程序，就能获得所有招聘岗位的详细数据信息。

进一步修改代码如下：

```python
import requests
headers = {
    'User − Agent':'Mozilla/5.0 (Windows NT 10.0; Win64; x64) AppleWebKit/537.36 (KHTML, like Gecko) Chrome/85.0.4183.102 Safari/537.36' }
def one_post_infor(PostId):  ♯ 爬取岗位为 PostId 的数据信息
    url = "https://careers.tencent.com/tencentcareer/api/post/ByPostId"
    keys = {
        'timestamp': '1638020073688',
        'postId':PostId,  ♯ 可变参数
        'language': 'zh − cn'
    }
    response = requests.get(url = url, headers = headers, params = keys)
    infor = response.json()  row = [ infor [ 'Data' ] [ 'RecruitPostName' ], infor [ 'Data' ] [ 'LocationName' ], infor['Data']['CategoryName'], infor['Data']['LastUpdateTime'], infor['Data'] ['Responsibility'], infor['Data']['Requirement']]
    csv_headers = ['岗位', '地址', '类别', '时间', '职责', '要求']
    dict_infor = dict(zip(csv_headers, row))
    dataframe = pd.DataFrame(dict_infor, index = [0])
    dataframe.to_csv('position.csv', mode = 'a', index = False, sep = ',', header = False)


for i in postinfor['Data']['Posts']:
    one_post_infor(i['PostId'])
```

程序执行的结果如图 3.35 所示，爬取网页中 10 个岗位的基本信息，保存成后缀为 .csv 的文件。

	A	B	C	D	E	F	G
1	32032-【NExT Studios】资深后台丁上海		技术	2022年1月2日	游戏系统需3年以上C++游戏服务器		
2	23295-互娱流量接入系统测试开发丁深圳		技术	2022年1月2日	1、参与系1、计算机或相关专业本		
3	23295-IEG增长中台电竞生态技术总深圳		技术	2022年1月2日	1、负责腾i1、5年以上工作经验，		
4	25927-移动游戏高级安全工程师（成成都		技术	2022年1月2日	负责移动游本科以上学历，3年以上		
5	18428-金融科技财付通创新业务研发深圳		技术	2022年1月2日	1、负责金i1、计算机、通信相关专		
6	36242-数据开发工程师（深圳） 深圳		技术	2022年1月2日	1、负责风1、具备实际的大数据业		
7	CSIG17-智慧零售测试工程师（CSIG武汉		技术	2022年1月2日	负责公司级本科以上学历，5年以上		
8	22989-腾讯云Serverless高级前端丁深圳		技术	2022年1月2日	本科及以上学历，本科及以上学历，		
9	22989-腾讯云编程语言虚拟机/编译北京		技术	2022年1月2日	针对腾讯云本科以上学历，硕士及I		
10	CSIG15-智能平台产品部-高级后台丁深圳		技术	2022年1月2日	1、负责翻i本科以上学历，计算机		

图 3.35　网页中 10 个岗位的基本信息

3．多网页数据爬取

如果要爬取该职业类所有网页的数据，如图 3.36 所示，该如何操作呢？

图 3.36　多网页数据爬取目标显示

前面讲过，网页翻页功能有时体现在 URL 中，有时会体现在响应资源的参数上继续来分析本网页的参数，如图 3.37 所示，查看下翻页时参数的变化。

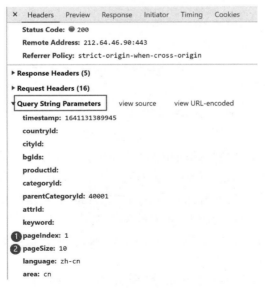

图 3.37　查看参数项

在图 3.37 中，查询参数栏中，大部分参数是空的，直接赋空值就可以了。图 3.37 上标记出来的①② 参数分析如下：

① "pageIndex：1"表示的是网页页码，1 表示当前在网页的第 1 页。通过测试可知，翻到第 2 页时，pageIndex 的值为 2。

② "pageSize：10"表示一个网页中显示的岗位数量，这里表示一个网页中默认显示 10个岗位。

通过分析可知，如果要爬取多个网页数据，只需要修改 pageIndex 的值。可以使用循环遍历，pageIndex 的值从 1～385 页，循环计数器的值作为 pageIndex 值，如图 3.36 所示。

局部修改代码如下：

```python
import requests
headers = {
    'User - Agent':'Mozilla/5.0 (Windows NT 10.0; Win64; x64) AppleWebKit/537.36 (KHTML, like
Gecko) Chrome/85.0.4183.102 Safari/537.36' }
url = "https://careers.tencent.com/tencentcareer/api/post/Query"
for i in range(385):  # 使用循环控制翻页
    keys = {
        'timestamp': '1638023920104',
        'countryId': '',
        'cityId': '',
        'bgIds': '',
        'productId': '',
        'categoryId': '',
        'parentCategoryId': '40001',
        'attrId': '',
        'keyword': '',
        'pageIndex': i,  # 变量控制页码
        'pageSize': '10',
        'language': 'zh - cn',
        'area': 'cn'
    }
    response1 = requests.get(url = url, headers = headers, params = keys)
    postinfor = response1.json()

    for i in postinfor['Data']['Posts']:
            print(i['PostId'])
```

程序执行结果，获得全部的招聘岗位 PostId，有了 PostId 就可以爬取每个招聘岗位的详情数据了，这里就不再赘述，由读者自行完成。

下面要爬取不同职业类的所有网页所有岗位的详情数据如图 3.38 所示。

【解析】 要实现多类岗位的爬取，首先确定类别是如何体现的，查看方法和前面相同，这里不再赘述。打开当前网页的 Network 面板，查看每个职类数据的特点，如图 3.39所示。

打开某一个职类岗位的参数，如图 3.37 所示，分析这两个网页的关联之处。图 3.37 是打开技术类的岗位网页，它的众多参数中有一个 parentCategoryId：40001，通过这个参数控制程序，就可以实现选择不同职业类。也就是说只需要在上一步的基础上，把

图 3.38　多类岗位爬取目标

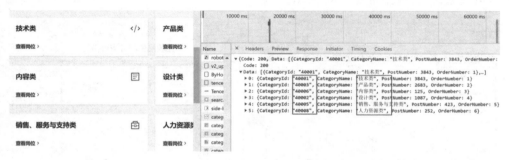

图 3.39　查看 Preview 数据

parentCategoryId 参数设置为动态参数,这个参数可以是 4001、4002、4003、4005 等,不同值代表不同职业类,只要能通过程序获得职业类的 parentCategoryId,就能控制爬虫程序爬取对应职业类下的所有页所有招聘岗位的详情数据。

那么在这一步中需要进行的操作如下:首先,爬取本页中所有职类的 CategoryID,把 CategoryID 传递给上一步;其次,修改上一步的代码,把 parentCategoryId 变成可变参数;最后,parentCategoryId 值通过 CategoryID 传递过来。

爬取 CategoryID 值和前面其他数据爬取方法相同,它们都是 JSON 数据,爬取 JSON 并解析并提取出 CategoryID,代码如下:

```
import requests
headers = {
    'User - Agent':'Mozilla/5.0 (Windows NT 10.0; Win64; x64) AppleWebKit/537.36 (KHTML, like
Gecko) Chrome/85.0.4183.102 Safari/537.36' }
url = "https://careers.tencent.com/tencentcareer/api/post/ByHomeCategories"
params = {
    'timestamp': '1641133718615',
    'num': '6',
```

```
    'language': 'zh－cn'
}
response0=requests.get(url＝url,headers＝headers,params＝params)
Cateinfor＝response0.json()
for categ in Cateinfor['Data']:
    print(categ['CategoryId'])
```

程序执行结果如下：

```
40001
40003
40006
40002
40005
40008
```

有了CategoryID，把它放在列表中，通过循环实现职业类别的遍历，这里不再赘述，由读者自行完成。

【**例 3-9**】 爬取网站http://scxk.nmpa.gov.cn：81/xk/上所有企业的化妆品生产许可证详情数据，爬取目标如图3.40所示。

图3.40 待爬取的目标数据

主要解题思路分析如下：

第①步：网页中每个企业名称对应一个超级链接。

第②步：单击企业名称进入各个对应企业的化妆品许可证详情网页。

第③步：在许可证详情网页定位目标数据的响应资源Headers面板，获取各类参数，编写爬虫程序，爬取此网页的目标数据。

第④步：建立多企业标题链接与化妆品许可证详情网页的对应关系，实现爬取这一网页所有企业的许可证详情数据。

第⑤步：翻页功能实现爬取所有企业的化妆品许可证详情数据。

代码可以从内到外来写，先实现单个企业的许可证信息爬取，再爬取企业标题页上所有企业的许可证信息，最后实现翻页去爬取所有页所有企业对应的许可证详情数据，下面分步骤实现上述过程。

1．单个企业化妆品许可证详情数据爬取

爬取目标是爬取单个企业的化妆品生产许可证详情数据，目标数据的定位如 3.3 节所述，这里不再赘述。

定位到当前网页的目标数据，如图 3.41 所示。在 Preview 面板预览可知，目标数据是动态加载的 JSON 数据。通过查看响应资源 Headers 面板可知，此网页是带参数的 POST 请求。

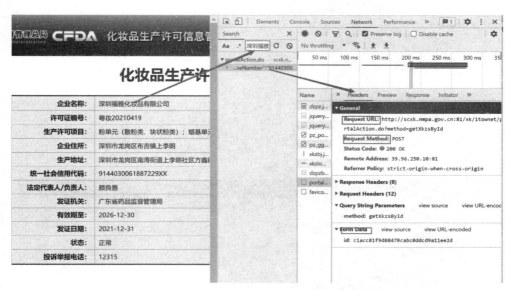

图 3.41　定位目标数据的 Headers

代码如下：

```python
import requests
headers = {
    'User-Agent':'Mozilla/5.0 (Windows NT 10.0; Win64; x64) AppleWebKit/537.36 (KHTML, like Gecko) Chrome/85.0.4183.102 Safari/537.36' }
url = "http://scxk.nmpa.gov.cn:81/xk/itownet/portalAction.do?method=getXkzsById"
keys = {
    'id': 'af4832c505b749dea76e22a193f873c6'
}
response1 = requests.post(url = url,headers = headers,data = keys)
response1.json()
```

程序运行结果如图 3.42 所示。

2．单个网页多链接数据爬取

目标数据是爬取当前企业标题网页上所有企业的化妆品许可证详情数据，爬取目标如图 3.43 所示。

企业浏览网页与其化妆品许可证详情网页是什么关系呢？与 3.3 节爬取多个招聘岗位链接进入对应的具体招聘信息一样，这个对应链接关系是通过 Headers 面板下的参数来控制的。

打开每个企业的化妆品许可证详情网页查看后会发现，它们具有相同的 Request URL

{'businessLicenseNumber': '914101057457968673',
 'businessPerson': '姜长宏',
 'certStr': '一般液态单元（护发清洁类）；气雾剂及有机溶剂单元（有机溶剂类）',
 'cityCode': '',
 'countyCode': '',
 'creatUser': '',
 'createTime': '',
 'endTime': '',
 'epsAddress': '郑州市金水区沙口路113号',
 'epsName': '郑州付氏育发化妆品有限公司',
 'epsProductAddress': '郑州市金水区沙口路113号',
 'id': '',
 'isimport': 'N',
 'legalPerson': '姜长宏',
 'offDate': '',
 'offReason': '',
 'parentid': '',
 'preid': '',
 'processid': '20211022080707202rw1bp',
 'productSn': '豫妆20160033',

图 3.42　单个企业的化妆品许可证详情数据中 JSON 数据部分截图

企业名称	许可证编号	发证机关	有效期至	发证日期
深圳福雅化妆品有限公司	粤妆20210419	广东省药品监督管理局	2026-12-30	2021-12-31
深圳市宝莱化妆品有限公司	粤妆20210418	广东省药品监督管理局	2026-12-30	2021-12-31
宝丽（广东）生物科技有限公司	粤妆20200020	广东省药品监督管理局	2025-01-14	2021-12-31
广东施露兰化妆品有限公司	粤妆20160331	广东省药品监督管理局	2026-12-30	2021-12-31
平舆玛雅生物工程有限公司	豫妆20170001	河南省药品监督管理局	2026-12-30	2021-12-31
洛阳科迪艺思化妆品有限公司	豫妆20160061	河南省药品监督管理局	2026-12-30	2021-12-31
平舆冰王生物工程有限公司	豫妆20160038	河南省药品监督管理局	2026-12-30	2021-12-31
郑州付氏育发化妆品有限公司	豫妆20160033	郑州市市场监督管理局	2026-12-31	2021-12-31
南阳市广寿保健品有限责任公司	豫妆20160027	河南省药品监督管理局	2026-12-30	2021-12-31
镇平人仁实业有限公司	豫妆20160024	河南省药品监督管理局	2026-12-30	2021-12-31
西施兰(南阳)药业股份有限公司	豫妆20160016	河南省药品监督管理局	2026-12-30	2021-12-31
河南汉方药业有限责任公司	豫妆20160009	郑州市市场监督管理局	2026-12-31	2021-12-31
河南所爱化妆品有限公司	豫妆20160003	河南省药品监督管理局	2026-12-30	2021-12-31
新疆金海娜生物科技有限公司	新妆20160016	新疆维吾尔自治区药品监督管理局	2026-12-30	2021-12-31
江苏金泽生物科技有限公司	苏妆20170002	江苏省药品监督管理局	2026-12-30	2021-12-31

第1/380页，15条/页，总共【5694】条数据　　　　首页　上一页　2　3　4　5　6　7　下一页　尾页

图 3.43　爬取目标数据

和 Request Method，不同的请求参数"id：c1acc81f9d88478cabc0ddcd9a11ee2d"，如图 3.44 和图 3.45 所示。在写爬虫程序时，只需要传递不同的请求参数就可以共享同一个爬虫程序，参数不同，爬取的数据对应不同的网页数据。显然，这个 ID 对应的就是每个链接企业化妆品许可证详情网页的 ID，只要能找到企业的 ID 就能获得其对应的许可证详情网页信息。下面首先去爬取每个企业的 ID，然后把 ID 作为参数传递到上一步获取单个公司的化妆品许可证详情数据的爬虫程序中。

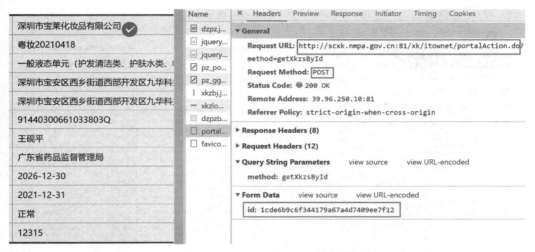

图 3.44 企业 1 的化妆品许可证详情数据 Headers 查看

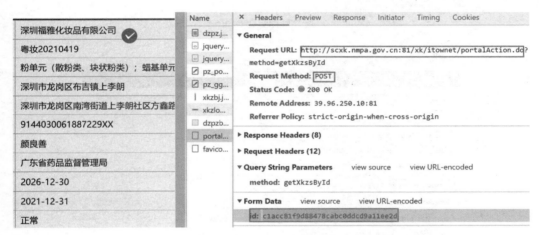

图 3.45 企业 2 的化妆品许可证详情数据 Headers 查看

打开并分析浏览器企业的网页,查找企业的 ID 数据。操作步骤如下,对应如图 3.46 所示:

第①步:打开 Network 面板。

第②步:打开控制器的搜索工具。

第③步:在弹出的搜索框里,输入爬取目标中的任意几个字。

第④步:单击搜索到的多层级资源中最里层资源。

第⑤步:查看 Preview 面板中是否有需要爬取的数据,如果有,那就对此资源发起请求。

第⑥步:查看资源的 Headers 信息,为爬虫程序作准备,如图 3.47 所示。

第⑦步:解析爬取到的数据,解析并提取出其中的企业 ID。

代码如下:

```
import requests
```

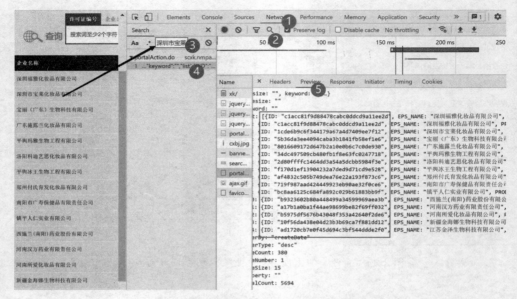

图 3.46　定位并查看目标数据的 Preview 预览信息

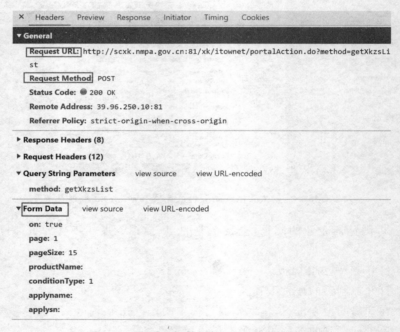

图 3.47　查看目标数据的 Headers 头部信息

```
import json
url = 'http://scxk.nmpa.gov.cn:81/xk/itownet/portalAction.do?method = getXkzsList'
headers = { 'User − Agent': 'Mozilla/5.0 (Windows NT 10.0; Win64; x64) AppleWebKit/537.36
(KHTML, like Gecko) Chrome/85.0.4183.121 Safari/537.36'}
data = { 'on': 'true',
    'page':1,
```

```
        'pageSize':'15',
        'productName':'',
        'conditionType':'1',
        'applyname': ''
        }
response = requests.post(url = url, data = data, headers = headers)
js_id = response.json()
for idinfor in js_id[ 'list']:♯解析 JSON
        print(idinfor['ID'])
```

程序执行结果为一个网页中所有企业的 ID 数据,代码如下:

```
c1acc81f9d88478cabc0ddcd9a11ee2d
1cde6b9c6f344179a67a4d7409ee7f12
5b36da3ee4094caba3b1841fb58ef1e6
8016609172d647b2a10e0b6c7c0de930
34dc497509cb480fb1f8e63fc0247718
2d80ffffc1464dd3a54a5dcbb5984f3e
f170d1ef13904232a7ded9d71cd9e528
af4832c505b749dea76e22a193f873c6
719f987aad424449923eb90ae32f0ce6
bc8aa6125c684fa892c029b61883bb9f
b9323602b80a448499a34599969aea3b
a17b1a0ba1f44ae98699be82f69ff032
b5975df5676b43048f353a42640f2de6
10f56da438e04d23b3b69ca7f881dd12
ad1720cb7e0f45d694c3bf544ddde2f0
```

有了企业 ID,遍历循环调用上一步中爬取单个企业的化妆品许可证详情数据的代码。
修改上一步的代码如下:

```
import requests
headers = {
    'User - Agent':'Mozilla/5.0 (Windows NT 10.0; Win64; x64) AppleWebKit/537.36 (KHTML, like
Gecko) Chrome/85.0.4183.102 Safari/537.36' }
url = "http://scxk.nmpa.gov.cn:81/xk/itownet/portalAction.do?method = getXkzsById"
def singecomp(compid):♯函数实现爬取单个指定 ID 企业的化妆品许可证详情数据
    keys = {
        'id': compid ♯参数为可变参数
    }
    response1 = requests.post(url = url, headers = headers, data = keys)
    return response1.json()
```

把爬取的企业 ID 放在列表中,循环调用函数 singecomp(compid),把 ID 的值传递给
compid,就爬取到了不同企业的化妆品许可证详情数据。

3. 多个网页数据爬取

网页连续翻页可能会体现在 URL 中,也可能会体现在参数中。如图 3.48 所示,查看
企业信息标题网页,找到资源数据对应的 Headers 信息,查看参数中是否有控制网页翻页功
能的参数,在 Headers 信息有两个重要参数如下:

"page:1"表示当前在第 1 页,当翻到下个网页时,page 值为 2,因此 page 参数用来实现

网页翻页操作。

"pageSize：15"表示在一页网页上默认显示有 15 家企业。

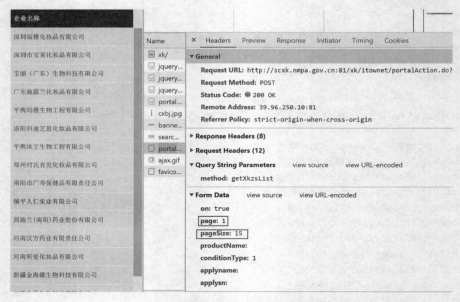

图 3.48　查看网页翻页参数

通过分析可知，参数 page 控制要爬取数据所在的页码，如果值为 1，那么爬取的就是第 1 个网页的数据，如果值为 2，爬取的是第 2 个网页的数据。设置一个循环遍历，遍历 page 值，实现对所有页的数据爬取。

单个网页可以使用上述调用函数的形式，也可以不用调用函数形式，直接对 URL 发送请求，代码如下：

```
import requests
import json
url = 'http://scxk.nmpa.gov.cn:81/xk/itownet/portalAction.do?method = getXkzsList'
headers = {'User − Agent': 'Mozilla/5.0 (Windows NT 10.0; Win64; x64) AppleWebKit/537.36
(KHTML, like Gecko) Chrome/85.0.4183.121 Safari/537.36'}
for i in range(15):
    page = i
    data = {'on': 'true',
    'page':page,                          #页,循环控制所有网页
    'pageSize':'15',                      #每个网页的条目数
    'productName':'',
    'conditionType':'1',
    'applyname': ''
    }
response = requests. post(url = url, data = data, headers = headers)
js_id = response. json()               #字典类型
id_list = []                          #存放企业的 ID
for dic in js_id['list']:
    id_list.append(dic['ID'])         #批量爬取了每个企业的 ID
fp = open('.\许可证.json','w',encoding = 'utf − 8')
```

```
url1 = 'http://scxk.nmpa.gov.cn:81/xk/itownet/portalAction.do?method = getXkzsById'
for id in id_list: #循环爬取所有企业的化妆品许可证详情数据
    data1 = {'id':id}
    response1 = requests.post(url = url1,data = data1,headers = headers)
    print(response1.json())
    json.dump(response1.json(),fp,ensure_ascii = False)            #保存数据
```

程序运行结果,得到一个包含网站中所有公司的许可证信息的 JSON 文件,该 JSON 文件内容部分截图如图 3.49 所示。

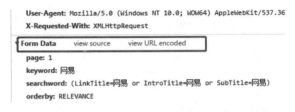

图 3.49　爬取得到的所有数据的 JSON 数据

3.4　POST 请求的两种参数格式

POST 请求通常有 Form Data 和 Request Payload 两种参数类型。

3.4.1　Form Data 类型

图 3.50 是一个 Form Data 格式的参数类型,这类参数在写爬虫程序的时候有两种处理方式。

```
User-Agent: Mozilla/5.0 (Windows NT 10.0; WOW64) AppleWebKit/537.36
X-Requested-With: XMLHttpRequest
Form Data    view source    view URL encoded
page: 1
keyword: 网易
searchword: (LinkTitle=网易 or IntroTitle=网易 or SubTitle=网易)
orderby: RELEVANCE
```

图 3.50　Form Data 格式的参数类型

第 1 种是把这个 POST 请求变成 GET 请求,即把请求参数通过"?key1 = value1 & key2=value2"拼接在 URL 当中,然后以 GET 方式请求就可以了,请求方式如下:

```
response = requests.get ( url, headers = headers )
```

其中，URL 为拼接的 URL。

第 2 种是仍然发送 POST 请求，将参数放在 data 参数中，请求方式如下：

```
response = requests.post(url, headers = headers, data = data)
```

其中，URL 中不携带参数。

这两种方法，建议使用第 2 种，因为这种方法参数作为变量时，设置更灵活。

3.4 节中的案例就是 data 格式的参数，如图 3.51 所示，爬虫代码实现如 3.4 节所述。

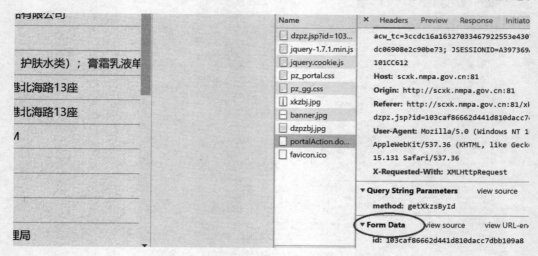

图 3.51　POST 请求的 Form Data 参数格式

3.4.2　Request Payload 类型

Request Payload 参数为自动变成了 JSON 类型，此时必须发 POST 请求，将 JSON 对象传入才可爬取数据，如图 3.52 所示。

图 3.52　Request Payload 参数类型

这种参数的请求方式如下：

```
response = requests.post(url, json = data, headers = headers)
```

其中参数 data 一定要序列化。

【例 3-10】　从国家电网电子商务平台爬取某个公告基本信息，爬取目标如图 3.53 所示。

操作步骤和 3.3 节相同，这里不再赘述，唯一不同的是请求参数类型为 Request Payload，代码如下：

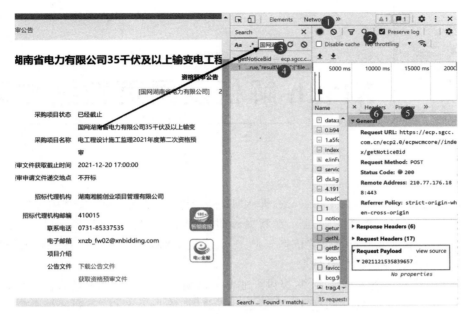

图 3.53 Request Payload 参数格式

```
import requests
headers = {
    'User-Agent':'Mozilla/5.0 (Windows NT 10.0; Win64; x64) AppleWebKit/537.36 (KHTML, like
Gecko) Chrome/85.0.4183.102 Safari/537.36' }
url = "https://ecp.sgcc.com.cn/ecp2.0/ecpwcmcore//index/getNoticeBid"
key = "2021121535839657"
response = requests.post(url = url, json = key, headers = headers)
response.json()
```

程序运行的结果如图 3.54 所示。

```
{'successful': True,
 'resultValue': {'fileFlag': '1',
 'notice': {'PURPRJ_NOTICE_DET_ID': None,
  'CONTACT': '雷工',
  'PURPRJ_STATUS': 130020016,
  'PURPRJ_NAME': '国网湖南省电力有限公司35千伏及以上输变电工程设计施工监理2021年度第二次资格预审',
  'TAX': '0731-85337512',
  'PRJ_INTRODUCE': None,
  'PRJ_STATUS': 0,
  'PURPRJ_ID': 2021121534526676,
  'CHG_NOTICE_CONT': ' ',
  'PUR_TYPE': 130007002,
  'ORG_TYPE': 4,
  'PUBLISH_ORG_NAME': '国网湖南省电力有限公司',
  'IS_SELF_EXEC': 100038001,
  'PAY_MODE_NAME': '线下支付',
  'OPENBID_ADDR': '不开标',
  'BID_AGT': '湖南湘能创业项目管理有限公司',
  'IMPL_MODE': 130022002,
  'PUR_TYPE_NAME': '服务',
  'NOTICE_TYPE': 100063003,
  'ONLINE_BID_NOTICE_ID': 2021121535839657,
  'BID_AGT_ADDR': '湖南省长沙市天心区新韶东路379号康园会所三楼（西侧）',
  'PAY_MODE': 130045002,
```

图 3.54 程序爬取到的 JSON 数据部分截图

第 4 章

XPath 解析及网页数据爬取

XPath,全称 XML Path Language,即 XML 路径语言,是在 XML 文档中查找信息的一种语言,用于在 XML 文档中通过元素和属性进行导航。XPath 使用路径表达式来选取 XML 文档中的节点或节点集。它依赖于 Python 中的 LXML 第三方库,在写爬虫程序时可以使用 XPath 进行相应的信息抽取。

XPath 的选择功能十分强大,它提供了非常简洁明了的路径选择表达式。另外,它还提供了超过 100 个内建函数,用于字符串、数值、时间的匹配以及节点、序列的处理等,几乎所有想要选取的节点都可以用 XPath 来选择。

4.1 XPath 简介及安装

LXML 库是一种使用 Python 编写的库,可以迅速、灵活地处理 XML 和 HTML,是一款高性能的 Python HTML、XML 解析器,主要用于解析和提取 HTML 或者 XML 格式的数据。它不仅功能非常丰富,而且便于使用。

LXML 库支持 XPath,可以利用 XPath 语法快速地选取特定的元素或节点。这些路径表达式和我们在常规的计算机文件系统中看到的表达式非常相似。

使用 Anacanda Prompt 安装 LXML 库的方法为 pip3 install lxml。

4.2 XPath 节点

XML 或 HTML 文档是被作为节点树来对待的,树的根被称为文档节点或者根节点。

在 XPath 中,有 7 种类型的节点:元素、属性、文本、命名空间、处理指令、注释以及文档(根)节点。

【例 4-1】 一个 XML 的简单文档。

```
< bookstore >
< book >
    < title lang = "eng"> Python </title >
    < price > 38 </price >
</ book >
< book >
    < title lang = "eng"> C Language </title >
    < price > 46 </price >
```

```
</book >
</bookstore >
```

其中,< bookstore >属于文档节点;< price > 38 </price >属于元素节点;lang＝"eng"属于属性节点。

4.2.1 基本值节点

基本值节点,或称原子值,Atomic value,基本值是无父或无子的节点。在例 4-1 中,基本值节点例子:有 C Language、46、"eng"。

4.2.2 节点关系

1. 父节点(Parent)

每个元素以及属性都有一个父节点。在例 4-1 中,book 元素是 title、price 元素的父节点。

2. 子节点(Children)

元素节点可有零个、一个或多个子节点。在例 4-1 中,title、price 都是 book 元素的子节点。

3. 同胞节点(Sibling)

拥有相同的父节点的节点。在例 4-1 中,title、price 都是同胞节点。

4. 先辈节点(Ancestor)

某节点的父节点、父节点的父节点等。在例 4-1 中,title 元素的先辈节点是 book 元素和 bookstore 元素。

5. 后代节点(Descendant)

某个节点的子节点,子节点的子节点等。在例 4-1 中,bookstore 的后代节点是 book、title、price 元素。

4.3 XPath 语法

XPath 使用路径表达式来选取 XML 文档中的节点或节点集,节点通过路径(path)或者步(steps)来选取的。

4.3.1 选取节点语法

XPath 使用路径表达式在 XML 文档中选取节点,节点是通过沿着路径或者步来选取的。常用的路径表达式及实例分别如表 4.1 和表 4.2 所示。

表 4.1 常用的路径表达式

字 符	描 述
nodename	选取此节点的所有子节点
/	从根节点选取
//	从匹配选择的当前节点选择文档中的节点,而不考虑它们的位置
.	选取当前节点

字　　符	描　　述
..	选取当前节点的父节点
@	选取属性

表 4.2　XML 文档路径表达式实例

路径表达式	结　　果
bookstore	选取 bookstore 元素的所有子节点
/bookstore	选取根元素 bookstore 注：假如路径起始于斜杠(/)，则此路径始终代表到某元素的绝对路径
bookstore/book	选取属于 bookstore 的子元素的所有 book 元素
//book	选取所有 book 子元素，而不管它们在文档中的位置
bookstore//book	选择属于 bookstore 元素的后代的所有 book 元素
//@lang	选取名为 lang 的所有属性

4.3.2　谓语

谓语用来查找某个特定的节点或者包含某个指定的值的节点，谓语被嵌在方括号中，基本操作如表 4.3 所示。

表 4.3　XML 文档带有谓语的路径表达式实例

路径表达式	结　　果
/bookstore/book[1]	选取属于 bookstore 子元素的第一个 book 元素
/bookstore/book[last()]	选取属于 bookstore 子元素的最后一个 book 元素
/bookstore/book[last()−1]	选取属于 bookstore 子元素的倒数第二个 book 元素
/bookstore/book[position()<3]	选取最前面两个属于 bookstore 元素的子节点的 book 元素
//title[@lang]	选取所有拥有名为 lang 属性的 title 元素
//title[@lang= 'eng']	选取所有 title 元素，且这些元素拥有值为 eng 的 lang 属性
/bookstore/book[price>35.00]	选取 bookstore 元素子节点 book 元素，且其中的 price 元素的值须大于 35.00
/bookstore/book[price>35.00]/title	选取 bookstore 元素中的 book 元素的所有 title 元素，且其中的 price 元素的值须大于 35.00

4.3.3　选取未知节点

XPath 通配符可用来选取未知的 XML 元素，常用的通配符及其描述如表 4.4 所示，实例如表 4.5 所示。

表 4.4　通配符及其描述

通　配　符	描　　述
*	匹配任何元素节点
@ *	匹配任何属性节点
node()	匹配任何类型的节点

表 4.5　XML 文档通配符实例

路径表达式	结　果
/bookstore/ *	选取 bookstore 元素的所有子元素
// *	选取文档中的所有元素
//title[@ *]	选取所有带有属性的 title 元素

4.3.4　选取若干路径

通过在路径表达式中使用"|"运算符,可以选取若干路径,实例如表 4.6 所示。

表 4.6　XML 文档选取若干路径实例

路径表达式	结　果
//book/title|//book/price	选取 book 元素的所有 title 和 price 元素
//title|//price	选取文档中的所有 title 和 price 元素
/bookstore/book/title|//price	选取属于 bookstore 元素的 book 元素的所有 title 元素,以及文档中所有的 price 元素

4.3.5　初步使用 XPath 案例

【例 4-2】　使用 etree.HTML( )把一段 HTML 代码转换成可用 XPath 解析的对象。

【解析】　首先导入 LXML 的 etree 库,然后利用 etree.HTML 初始化文档,变成一个可解析的对象 HTML,后面就可以使用 XPath 从 HTML 代码中提取信息了。

```
from lxml import etree
text = '''
< div >
    < ul >
            < li class = "item - 0">< a href = "link1.html"> first news </a></li>
            < li class = "item - 1">< a href = "link2.html"> second news <</a></li>
            < li class = "item - inactive">< a href = "link3.html"> third news <</a></li>
            < li class = "item - 1">< a href = "link4.html"> fourth news <</a></li>
            < li class = "item - 0">< a href = "link5.html"> fifth news <</a></li>
        </ul >
</div >
'''
html = etree.HTML(text)
```

【例 4-3】　利用 etree.parse( )从文件中读取下面 HTML 文本,并转换成可用 XPath 解析的对象。

```
< div >
    < ul >
            < li class = "item - 0">< a href = "link1.html"> first news </a></li>
            < li class = "item - 1">< a href = "link2.html"> second news <</a></li>
            < li class = "item - inactive">< a href = "link3.html"> third news <</a></li>
            < li class = "item - 1">< a href = "link4.html"> fourth news <</a></li>
            < li class = "item - 0">< a href = "link5.html"> fifth news <</a></li>
```

```
        </ul>
</div>
```

把上面这段 HTML 文档保存在本地，文件名为 test. html，然后使用 etree. parse( )读取，从而得到一个可用 XPath 解析的对象，代码实现如下：

```
from lxml import etree
html = etree.parse('test.html',etree.HTMLParser())
```

【例 4-4】 解析并爬取例 4-3 的 HTML 文档中所有的列表"li"标签。

【解析】 查看例 4-3 中的文档，总共有 5 个"li"标签，按照前面讲解的 XPath 语法规则，可以从根节点开始解析，也可以跳级解析，直接定位到子节点。

```
from lxml import etree
html = etree.parse('test.html',etree.HTMLParser())
result = html.xpath('//li') #获取 li 标签
print(len(result))
```

使用 XPath 解析对象 html，解析的方法从"li"标签开始选取，上层有多级标签，所以是跳级选取"//li"。

程序执行的结果为 5，收集到了 5 个"li"标签。

【例 4-5】 获取每个"li"标签的 class 属性。

【解析】 首先按照例 4-4 多级选取到"li"标签，然后使用"@"属性选取语法规则选取属性。

```
from lxml import etree
html = etree.parse('test.html',etree.HTMLParser())
result = html.xpath('//li/@class') #获取 li 标签属性
print result
```

程序执行的结果如下所示：

```
['item - 0', 'item - 1', 'item - inactive', 'item - 1', 'item - 0']
```

【例 4-6】 获取 href 为"link1. html"的标签。

【解析】 首先找到"link1. html"标签的位置，然后按照 XPath 属性选取语法进行选取操作。

```
from lxml import etree
html = etree.parse('test.html',etree.HTMLParser())
result = html.xpath('//li/a[@href = "link1.html"]') #按属性选取
```

4.4　XPath 表达式

4.4.1　定位 XPath 搜索框

查看元素的代码，操作步骤如下，对应如图 4.1 所示。

第①步：单击 Elements，进入 Elements 面板。

第②步：单击图 4.1 表示为②处的箭头图标或按快捷键 Ctrl＋Shift＋C 进入选择模式。

第③步：从页面中选择并单击需要选取的网页元素；

第④步：在开发者工具元素 Elements 面板一栏，自动定位到该元素在网页源码中的具体位置，如④所示。

第⑤步：如果是手写 XPath 表达式，按 Ctrl＋F 就出现了 XPath 表达式输入框，在搜索框里写对应的 XPath 表达式，如⑤所示。

也可以在第四步上，直接复制选取节点的 XPath 表达式，如图 4.2 所示。通常如果只选取一个元素，可以使用直接复制 XPath 表达式的方法，如果选取一组元素，最好是手动来写 XPahth 语句。

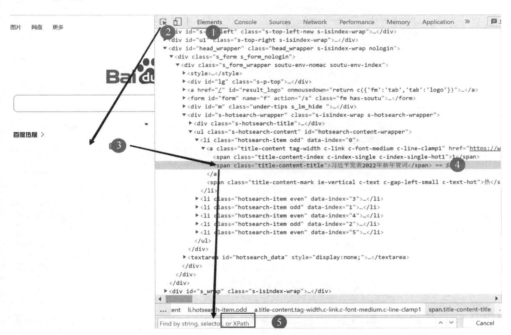

图 4.1 查看元素代码操作步骤

4.4.2 在网页上写 XPath 表达式

【例 4-7】 写 XPath 表达式选取百度首页的 6 条百度热搜标题。

【解析】

第一步：使用 4.3 节所讲的 XPath 语法，通常不会直接从根开始写，而是采用跳级的形式"//"选取。

第二步：通过 4.4.1 节已经选取了热搜标题，现在直接来选取图 4.3 源码上框选的标签，表达式"//span"表示选取所有的 span 标签，字符串"//span[@class＝"title-content-title"]"表示选取 class 属性值为"title-content-title"的 span 标签。

第三步：填入 XPath 表达式后，如果 XPath 表达式正确，在右侧就会出现选中的数量。

在图 4.1 标记为⑤的搜索栏中，写 XPath 表达式选取节点语句，如图 4.3 所示。

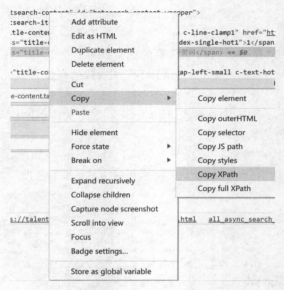

图 4.2　复制 XPath 表达式

图 4.3　在网页上直接写 XPath 定位节点语句

【例 4-8】　爬取某学校网站 https://www.tsinghua.edu.cn/yxsz.htm 所有的职能部门名称，爬取目标如图 4.4 所示。

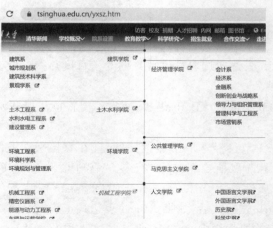

图 4.4　爬取目标数据

【解析】　操作步骤如下，对应如图 4.5 所示。

第一步：仍然以 Chrome 浏览器为例，打开开发者面板，打开 Elements 面板。

第二步：单击箭头，使箭头呈选取模式。

第三步：选择左侧网页上的"建筑系"。

第四步：Elements 自动定位到"建筑系"在网页源码上的节点。

第五步：鼠标指针沿着当前选中的"建筑系"所在的标签，向父节点移动。当鼠标指针移动的时候，可以观察到左侧网页有一个方框随着鼠标指针移动不断改变框选区域。在鼠标指针上移过程中，如果鼠标指针移动过的某个父节点能覆盖住所有需要获取的数据，那么就从这个节点开始写 XPath 表达式。当鼠标指针移动到图 4.5 上⑤所标记的位置，那就从这个"div"标签开始定位。

第六步：按 Ctrl＋F 组合键，打开写 XPath 表达式的输入框。

第七步：div 标签在源码上有很多，通过属性指定来定位⑤这个标签，XPath 表达式为"//div[@class="yxszCon"]"，如果这一句书写正确，那么在右侧就会显示选取的数量。继续定位子节点，直到定位到 a 标签，这个过程仍然可以跳级。值得注意的是 XPath 表达式不唯一，只要能选取到正确的元素就可以。如图 4.6 就是能定位系名所在 a 标签的一个 XPath 表达式。这一步只是定位到 a 标签，如果要取出 a 标签中的文字，需要添加"/text()"。最终的 XPath 表达式为//div[@class="yxszCon"]//li/a/text()。

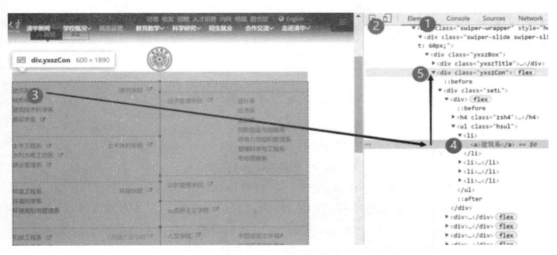

图 4.5　定位元素的操作步骤

图 4.6　XPath 定位每个系名

4.5 爬取 HTML 文档数据案例

【例 4-9】 通过代码实现爬取例 4-8 中的职能部门。

【解析】 操作步骤如下，对应如图 4.7 所示。

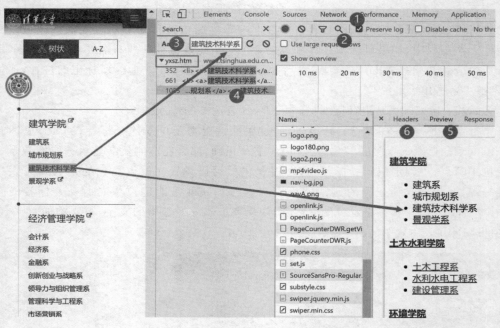

图 4.7 定位职能部门所在的资源文件

第一步：打开 Network 面板。

第二步：单击控制器栏的搜索工具，打开搜索面板。

第三步：在搜索框搜索待提取的某个职能部门名称。

第四步：查看在搜索面板下面搜到的内容，有三行，而这三行都在一个"yxsz. htm"文档下，如图 4.7 搜索框里用矩形框所标记的位置，所以它们对应的是一个资源文件；单击其中的一行，请求列表自动定位到 Response 面板，可以从这里查看数据是否是需要的数据。

第五步：也可以单击 Preview 面板查看是否有需要的数据。

第六步：查看 Headers 信息，如图 4.8 所示，找到 Request URL，Request Method 以及参数，为写爬虫程序作准备。

第七步：爬取到的 HTML 文档，使用例 4-8 的 XPath 表达式选取元素并保存。

代码如下：

```
import requests
from lxml import etree # 导入 etree 库,用于 XPath 解析
url = "https://www.tsinghua.edu.cn/yxsz.htm"
headers = {
    'User - Agent': "Mozilla/5.0 (Windows NT 10.0; Win64; x64) AppleWebKit/537.36 (KHTML, like Gecko) Chrome/80.0.3987.132 Safari/537.36 "
```

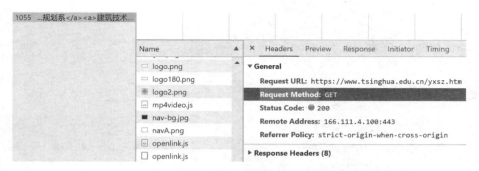

图 4.8　查看响应页的 Headers 信息

```
}
resp = requests.get(url = url, headers = headers)
resp.encoding = 'utf - 8'
html = etree.HTML(resp.text) # 获取一个可解析的对象
title = html.xpath('//div[@class = "yxszConMobile"]//li/a/text()') # xpath 解析数据
print(title)
```

代码执行的结果如图 4.9 所示。

```
['建筑系',
 '城市规划系',
 '建筑技术科学系',
 '景观学系',
 '会计系',
 '经济系',
 '金融系',
 '创新创业与战略系',
 '领导力与组织管理系',
 '管理科学与工程系',
```

图 4.9　提取的职能部门部分截图

4.6　爬取多页 HTML 文档数据案例

通常页码翻页可能体现在请求参数中,也可能体现在请求 URL 变化中。

4.6.1　翻页在参数里

在获取腾讯招聘信息的案例里,翻页的实现是通过参数控制的,如图 4.10 所示,通过修改参数可以实现收集多页数据,数据收集具体实现方法已经在前面实现。

4.6.2　翻页在 URL 中

一些翻页体现在请求参数中,也有很多网页的翻页是通过 URL 的变化来实现。

1. 爬取单页数据

【例 4-10】　爬取某大学新闻网页 https://www.tsinghua.edu.cn/news/zxdt.htm 所有的新闻标题和新闻时间,并持久化保存,如图 4.11 所示。

【解析】　操作步骤如下,对应如图 4.12 所示。

第一步:首先查看"新闻标题"和"时间"在哪个响应文件中,打开 Network。

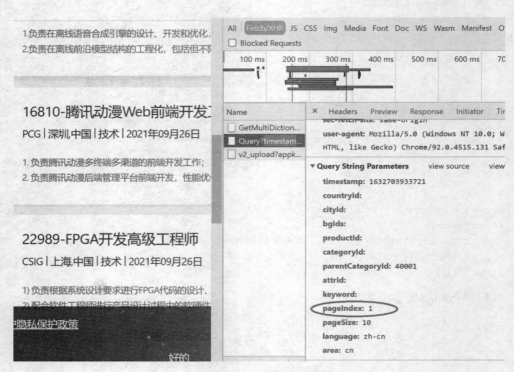

图 4.10　通过参数控制翻页

图 4.11　爬取数据目标

图 4.12　定位数据所在的文件

第二步：单击控制器栏的搜索工具，打开搜索面板。

第三步：在搜索框搜索待提取的某个新闻标题。

第四步：查看在搜索面板下搜到的内容，查看对应的文件类型，搜索到两个文件，到 Preview 面板找需要的那个文件。

第五步：单击 Preview 面板查看是否是需要的数据，并能确定要爬取的数据在 HTML 文档上。

第六步：查看此 HTML 文档的 Headers 面板，如图 4.13 所示，找到 Request URL，Request Method 以及参数，为写爬虫程序做准备。

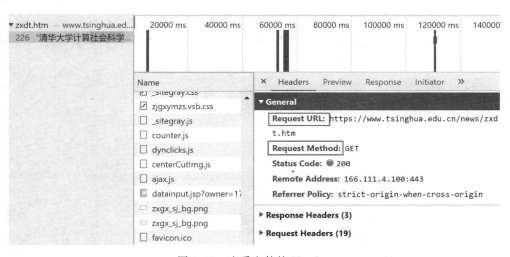

图 4.13　查看文件的 Headers

第七步：到 Elements 面板下，写出选取新闻标题的 XPath 表达式，步骤如图 4.14 所示。

① 打开 Elements 面板。

② 单击箭头，使箭头呈选中状态。

③ 选择并单击左侧网页上的一个新闻标题。

④ 右侧在源代码区域自动选中这个新闻标题所在的节点。

⑤ 通过鼠标从该节点向其父节点移动，直到右侧方框能够覆盖整个需要爬取的数据，从这个父节点开始定位。

⑥ 按 Ctrl＋F 快捷键，在出现的文本框里写出定位新闻标题、时间的 XPath 表达式。

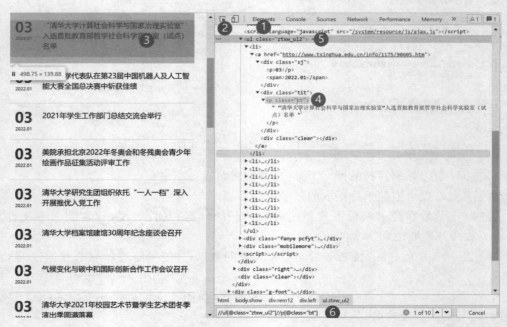

图 4.14　XPath 表达式选取元素

第八步：写代码爬取 HTML 文档，并用上面所写的 XPath 表达式选取新闻标题和时间，并保存数据。

代码如下：

```
import requests
from lxml import etree
url = "https://www.tsinghua.edu.cn/news/zxdt.htm"
headers = {
    "User - Agent": "Mozilla/5.0 (Windows NT 10.0; Win64; x64) AppleWebKit/537.36 (KHTML,
like Gecko) Chrome/85.0.4183.121 Safari/537.36"}
resp = requests.get(url = url, headers = headers)
resp.encoding = 'utf - 8'
html = etree.HTML(resp.text)
newsname = html.xpath('//div[@class = "tit"]/p[@class = "bt"]/text()')  ♯ 解析出新闻标题
print(newsname)
```

程序执行的结果如图 4.15 所示。

2．爬取多页

单击新闻页面，翻页并观察 Headers 的 Requests URL。

第 1 页 URL：https://www.tsinghua.edu.cn/news/zxdt.htm。

['\r\n　　"清华大学计算社会科学与国家治理实验室"入选首批教育部哲学社会科学实验室（试点）名单\r\n', '　', '\r\n　　清华大学代表队在第23届中国机器人及人工智能大赛全国总决赛中斩获佳绩\r\n', '　', '\r\n', '　　\r\n　　2021年学生工作部门总结交流会举行\r\n', '　', '\r\n', '　　美院承担北京2022年冬奥会和冬残奥会青少年绘画作品征集活动评审工作\r\n', '　', '\r\n　　清华大学研究生团组织依托"一人一档"深入开展推优入党工作\r\n', '　', '　\r\n　　清华大学档案馆建馆30周年纪念座谈会召开\r\n', '　', '　　　　　　　　气候变化与碳中和国际创新合作工作会议召开\r\n', '　', '\r\n　　材料学院在科技部首届全国颠覆性技术创新大赛中取得佳绩\r\n', '　', '　　清华大学2021年校园艺术节暨学生艺术团冬季演出季圆满落幕\r\n', '　', '\r\n', '　　2021年中国学位与研究生教育学会学术年会召开\r\n']

图 4.15　爬取并解析出来的新闻标题

第 2 页 URL：https://www.tsinghua.edu.cn/news/zxdt/1734.htm。

第 3 页 URL：https://www.tsinghua.edu.cn/news/zxdt/1733.htm。

第 4 页 URL：https://www.tsinghua.edu.cn/news/zxdt/1732.htm。

通过仔细观察前 4 页的 URL 得知，除了第 1 页 URL 不在规律范围内，后面每页的 URL 都是有规律变化，那么从第 2 页开始可以循环控制来实现多页爬取。

代码如下：

```
import requests
from lxml import etree
for i in range(1735, -1, -1):  # 翻页控制
    if i == 1735:
        url = "https://www.tsinghua.edu.cn/news/zxdt.htm"
    else:
        url = "https://www.tsinghua.edu.cn/news/zxdt/" + str(i) + ".htm"
    headers = {
    "User - Agent": "Mozilla/5.0 (Windows NT 10.0; Win64; x64) AppleWebKit/537.36 (KHTML,
like Gecko) Chrome/85.0.4183.121 Safari/537.36"}
    resp = requests.get(url = url, headers = headers)
    resp.encoding = 'utf - 8'
    html = etree.HTML(resp.text)
    newsname = html.xpath('//div[@class = "tit"]/p[@class = "bt"]/text()')  # 解析出新闻标题
    print(newsname)
```

3. 持久化保存

下面不仅要获取新闻标题，而且要获取新闻时间，那就多写两句 XPath 语句，分别获取新闻的日期和年月，并把爬取到的数据保存在后缀名为 .csv 的文件中。

代码如下：

```
import requests
import pandas as pd
from lxml import etree
for i in range(1735, -1, -1):  # 翻页控制
    if i == 1735:
        url = "https://www.tsinghua.edu.cn/news/zxdt.htm"
    else:
        url = "https://www.tsinghua.edu.cn/news/zxdt/" + str(i) + ".htm"
    headers = {
    "User - Agent": "Mozilla/5.0 (Windows NT 10.0; Win64; x64) AppleWebKit/537.36 (KHTML,
like Gecko) Chrome/85.0.4183.121 Safari/537.36"}
    resp = requests.get(url = url, headers = headers)
    resp.encoding = 'utf - 8'
```

```
html = etree.HTML(resp.text)
day = html.xpath('//div[@class = "sj"]/p/text()') #解析出日期
month = html.xpath('//div[@class = "sj"]/span/text()') #解析出月份
newsname = html.xpath('//div[@class = "tit"]/p[@class = "bt"]/text()') #解析出新闻标题
newshead = ['time', 'newsname']
for k in range(10):
    newsinfor = []
    newstime = month[k] + '.' + day[k]
    newsinfor.append(newstime)
    newsinfor.append(newsname[k])
    print(newsinfor)
    dict_infor = dict(zip(newshead, newsinfor))
    dataframe = pd.DataFrame(dict_infor, index = [0]) #持久化保存
    dataframe.to_csv('qinghuanews.csv', mode = 'a', index = False, sep = ',', header = False)
```

运行结果截图如图 4.16 所示。

2022.01.03	"清华大学计算社会科学与国家治理实验室"入选首批教育部哲学社会科学实验室（试点）名单
2022.01.03	清华大学代表队在第23届中国机器人及人工智能大赛全国总决赛中斩获佳绩
2022.01.03	2021年学生工作部门总结交流会举行
2022.01.03	美院承担北京2022年冬奥会和冬残奥会青少年绘画作品征集活动评审工作
2022.01.03	清华大学研究生团组织依托"一人一档"深入开展推优入党工作
2022.01.03	清华大学档案馆建馆30周年纪念座谈会召开
2022.01.03	气候变化与碳中和国际创新合作工作会议召开
2022.01.03	清华大学2021年校园艺术节暨学生艺术团冬季演出季圆满落幕
2022.01.03	材料学院在科技部首届全国颠覆性技术创新大赛中取得佳绩
2021.12.31	2021年中国学位与研究生教育学会学术年会召开
2021.12.31	清华大学标杆课教师座谈会举行
2021.12.31	清华大学-丰田联合研究院第三次管委会会议召开
2021.12.31	在线教育委员会成立会暨第一次学术活动会召开

图 4.16 保存到 CSV 部分截图

【例 4-11】 爬取 58 二手房网页的所有房源信息，包括房源名字、户型、面积、地址。请求首页地址为 https://bj.58.com/ershoufang。

【解析】 首先通过分析发现，首页的 URL 就是获取房源信息的请求地址。

其次在网站上单击翻页按钮，观察 URL 变化。

第 2 页 URL：https://bj.58.com/ershoufang/p2；

第 3 页 URL：https://bj.58.com/ershoufang/p3/。

在首页地址中加上 p1，它仍然能定位在首页，即 https://bj.58.com/ershoufang/p1/，那么翻页就有规律了，在发送请求的时候，只需要循环控制修改 URL 就可以。

如果有时候第一页不在有规律的网址范围内，那就第一页单独进行操作。此案例请读者自行完成。

4.7 图片爬虫案例

4.7.1 单张图片爬取

在对图片、音频、视频等多媒体格式的数据进行下载时，使用 Requests 请求后，响应得到的数据以 .wb 格式存储为图片格式即可。

【例 4-12】 已知一幅图片的 URL 地址如图 4.17 所示，下载图片。

【解析】 操作步骤如下：

dik.img.kttpdq.com/pic/106/73625/7195f9b2a0692a34_200x150.jpg

图 4.17　爬取目标

第一步：找到图片的 URL 地址。

第二步：对 URL 发送 GET 请求。

第三步：以后缀名为.wb 格式保存数据。

代码如下：

```
import requests
url = "http://dik.img.kttpdq.com/pic/106/73625/7195f9b2a0692a34_200x150.jpg"
headers = {
        'User-Agent': 'Mozilla/5.0 (Windows NT 10.0; Win64; x64) AppleWebKit/537.36 (KHTML,
like Gecko) Chrome/86.0.4240.75 Safari/537.36' }
resp = requests.get(url = url, headers = headers)
with open('1.jpg', 'wb') as fp:
    fp.write(resp.content)
    print('下载完成')
```

4.7.2　多页多幅图片爬虫案例

【例 4-13】　从都爱看网站 http://www.douikan.com/sjbz/下载喜欢的一类壁纸中的
全部图片，爬取目标如图 4.18 所示。以手机壁纸为例。

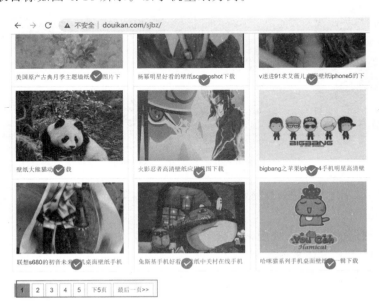

图 4.18　爬取目标

1. 下载单页多图

【解析】 例 4-12 已经实现单幅图片下载，现在下载多幅图片，只需要找到每幅图片的 URL 地址。下面来分析当前页源码，看是否能找到每幅图片的 URL 地址。具体操作步骤如下，如图 4.19 所示。

第一步：打开 Elements 面板，解析源码，获取图片的 URL 地址，操作步骤如下，如图 4.19 所示。

① 打开 Elements 面板；

② 单击箭头，使箭头呈选中状态；

③ 选择并单击左侧网页上的一个图片标题；

④ 右侧在源码区域自动选中这个标题所在的节点；

⑤ 通过移动鼠标指针从该节点向其父节点移动，观察左侧的方框，直到方框能够覆盖整个页面需要爬取的图片数据，从这个节点开始定位；

⑥ 按 Ctrl＋F 快捷键，在出现的文本框里写出定位所有图片 URL 的 XPath 表达式。其中，图片地址在 img 标签的 src 属性中。

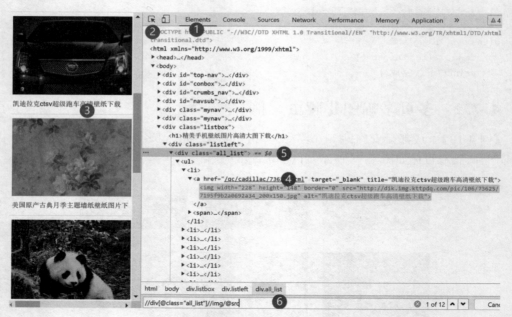

图 4.19　获取图片的 URL 地址

第二步：爬取刚才解析的源码数据，操作步骤如下，如图 4.20 所示。

① 打开 Network 面板。

② 单击控制器的搜索，出现搜索面板。

③ 在搜索框输入图片名称。

④ 单击搜索到的数据。

⑤ 查看 Preview，确定数据正确。

⑥ 打开 Headers，查看 Request URL 和 Request Method 以及请求参数，为爬取源码程序做准备。

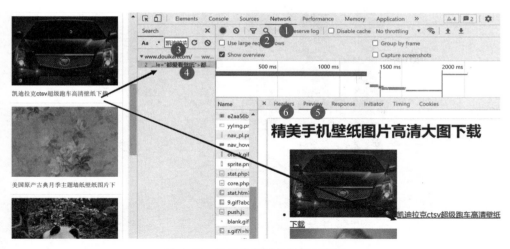

图4.20　定位并预览目标源码信息

第三步：爬取到网页源码后，结合第一步的 XPath，解析出每幅图片的 URL 地址。

第四步：调用例 4-12 下载单幅图片的代码，实现多幅图片的下载。

代码如下：

```
import requests
from lxml import etree
def sigpic(picurl,picname): #下载单幅图片
    url = picurl
    headers = {
            'User - Agent': 'Mozilla/5.0 (Windows NT 10.0; Win64; x64) AppleWebKit/537.36
(KHTML, like Gecko) Chrome/86.0.4240.75 Safari/537.36'}
    resp = requests.get(url = url,headers = headers)
    with open(picname + '.jpg','wb')as fp:
        fp.write(resp.content)
        print(picname + '完成')
url = "http://www.douikan.com/sjbz/"
headers = {
        'User - Agent': 'Mozilla/5.0 (Windows NT 10.0; Win64; x64) AppleWebKit/537.36 (KHTML,
like Gecko) Chrome/86.0.4240.75 Safari/537.36' }
resp = requests.get(url = url,headers = headers)

html = etree.HTML(resp.text)
lista = html.xpath('//div[@class = "all_list"]//a/img') #得到图片的 img 标签
for i in range(len(lista)):
    picurl = lista[i].xpath('./@src') #从 img 标签解析出图片 SRC 地址
    picname = lista[i].xpath('./@alt') #从 img 标签解析出图片标题
    sigpic(picurl[0],picname[0])
```

程序执行结果如图4.21所示。

2. 下载多页多图

【解析】　首先通过查看可知 Headers 的 Request URL 和浏览器上的 URL 一样；其次通过手动在浏览器上翻页，查看翻页规律。

图 4.21　下载到的图片

第 1 页 URL：http://www.douikan.com/sjbz/

第 2 页 URL：http://www.douikan.com/sjbz/p2/

第 3 页 URL：http://www.douikan.com/sjbz/p3/

第 2 页和第 3 页 URL 上分别是在第 1 页基础上添加了字符串"p2""p3"，可以推知第 i 页的 URL 应该为"pi"。尝试在第 1 页的 URL 加上 p1 结果仍然正确，因此这个网站的翻页是可以通过 URL 来控制的。因此要实现翻页，只需要在上面代码的基础上，把请求的 URL 变成可变的，用循环遍历来控制，这部分代码实现如下：

```
for i in range(1,6):
    url = "http://www.douikan.com/sjbz/p" + str(i) + '/'
    headers = {
            'User - Agent': 'Mozilla/5.0 (Windows NT 10.0; Win64; x64) AppleWebKit/537.36
(KHTML, like Gecko) Chrome/86.0.4240.75 Safari/537.36' }
    resp = requests.get(url = url,headers = headers)
```

4.7.3　多类多页多图爬虫案例

【例 4-14】　例 4-13 下载的手机壁纸，在例 4-13 基础上，下载不同类别的图片，分别为手机壁纸、平板壁纸、笔记本壁纸，爬取目标如图 4.22 所示。

【解析】　首先查看爬取 Headers 的 Request URL 和浏览器地址栏里的 URL 一致；其次在浏览器上单击不同类的链接，查看 URL 变化规则。

① 手机壁纸 URL：http://www.douikan.com/sjbz/。

② 平板壁纸 URL：http://www.douikan.com/padbz/。

③ 笔记本壁纸 URL：http://www.douikan.com/bjbbz/。

④ 计算机桌面壁纸 URL：http://www.douikan.com/dnbz/。

⑤ 电视壁纸 URL：http://www.douikan.com/dsbz/。

通过观察，每类壁纸的 URL 中只是后面几个字符变了，那么把这几个字符或者这几个 URL 放入列表中，循环遍历 URL，对其发送请求就能实现不同类别图片的下载，后续操作和例 4-13 相同，这里不再赘述，读者可以自行实现。

都爱看壁纸　　手机壁纸　　平板壁纸　　笔记本壁纸　电脑桌面壁纸　　电视壁纸　　壁纸大全

当前位置：　都爱看壁纸>平板电脑壁纸下载>**精美Pad壁纸图片高清大图下载**

美女壁纸 ｜ 唯美壁纸 ｜ 可爱壁纸 ｜ 水墨画壁纸 ｜ 护眼壁纸 ｜ 简约壁纸 ｜ 小清新壁纸 ｜ 搞笑壁纸 ｜ 帅哥壁纸 ｜ 性

体育壁纸 ｜ 三维立体壁纸 ｜ 治愈系壁纸 ｜ 动态壁纸 ｜ 动漫美女壁纸 ｜ 熊猫壁纸图片 ｜ DNF壁纸 ｜ 科比壁纸 ｜ 兰博

您当前的系统：**Windows 10**，当前桌面分辨率为：**1280x800**，欢迎选取适合壁纸和主题！

按分辨率：iPad1[1024x1024] iPad2[1024x1024] iPad3/新iPad[2048x2048] iPad4[2048x2048] iPad Air[1536x2048] ｜ 显

精美Pad壁纸图片高清大图下载

奔驰cls63amg改装版桌面壁纸下载　　奔驰540k特殊跑车梅塞德斯壁纸图片下　　日产gtr之gtrfiahdwallpapers壁纸下载

图 4.22　爬取目标

第 5 章

IP 代理

对于采取了比较强的反爬措施网站来说,要想顺利爬取网站数据,设置随机 User-agent 和 IP 代理是非常有效的两个方法。

403

您暂时无法继续访问~

当前IP存在多次违规访问行为,已暂时被禁止访问。

将于24小时后恢复正常,请勿频繁提交刷新请求,也可以登录后正常访问。

如有疑问,请联系客服人员: 400-065-5799

图 5.1　频繁爬取之后

代理就是换个身份,网络中的身份之一就是 IP。在爬虫中,有些网站可能为了防止爬虫或者 DDoS 等,会记录每个 IP 的访问次数。比如,有些网站允许一个 IP 在 1s 内只能访问 10 次等,那么就需要访问一次换一个 IP。如果不对 IP 做任何设置,频繁访问网站之后,网站就可能会出现图 5.1 的提示。使用 IP 代理可以解除被封 IP 这种反爬机制。

IP 代理的获取,可以从以下几个途径得到:

(1) 从免费的网站上获取,但质量很低,能用的 IP 极少;

(2) 购买收费的代理服务,质量高很多;

(3) 自己搭建代理服务器,虽然稳定,但需要大量的服务器资源。

5.1　IP 代理的作用

(1) 可以突破自身 IP 的限制,访问一些不许访问的站点;

(2) 隐藏自身真实 IP,以免被封锁。

如果想查看本机的 IP,可以有多种方式,下面提供两种简单的查看本机 IP 的方法。

【例 5-1】　查看本机 IP。

方法 1:在百度输入 IP 看到的就是本机 IP,如图 5.2 所示。

图 5.2　查看本机 IP

方法 2：通过程序查看，代码实现如下：

```
import requests
url = 'http://icanhazip.com'
try:
    response = requests.get(url) #不使用代理
    print(response.status_code)
    if response.status_code == 200:
        print(response.text)
except requests.ConnectionError as e:
    print(e.args)
```

程序执行的结果如下：

```
200
123.123.40.xxx #后三位隐去了
```

5.2　IP 代理使用方法

常见的代理包括 HTTP 代理和 SOCKS5 代理，这里主要介绍 HTTP 代理。HTTP 可以在网上搜索一些免费的 IP 代理进行测试。然后在 Requests 请求方法加入一个参数 proxies＝{字典}实现对 IP 代理的使用，其中字典的键名是 HTTP 或者 HTTPS，键对应的值为一个 IP 地址。

例如 proxies＝{'http':'59.120.117.244'}，其中键名"http"表示协议类型，键值"59.120.117.244"表示代理。

如果请求 URL 使用的是 HTTP 协议，那么就使用 HTTP 代理；如果请求 URL 使用的是 HTTPS，就使用 HTTPS 代理。

【例 5-2】　设置 IP 代理爬取百度首页，代码如下：

```
import requests
url = "http://www.baidu.com/s"
headers = {
'User-Agent': 'Mozilla/5.0 (Windows NT 10.0; Win64; x64) AppleWebKit/537.36 (KHTML, like Gecko) Chrome/86.0.4240.75 Safari/537.36'   }
response = requests.get(url = url, headers = headers, proxies = {'http':'59.120.117.244'})
with open('baidu.html','w', encoding = 'utf-8')as fp:
    fp.write(response.text)
```

5.3　搭建 IP 池

在爬虫过程中，使用本地 IP 频繁爬取某个网站后，可能会导致 IP 被封，因此有必要搭建一个 IP 池。

【例 5-3】　搭建一个免费的 IP 池。

【解析】　爬取快代理网站上的免费 IP，链接如下：

"https://www.kuaidaili.com/free/"

5.3.1 获取单页 IP

首先定义一个获取目标网页的方法，爬取目标网页如图 5.3 所示，解析出该目标页的 HTTP、PORT、IP。

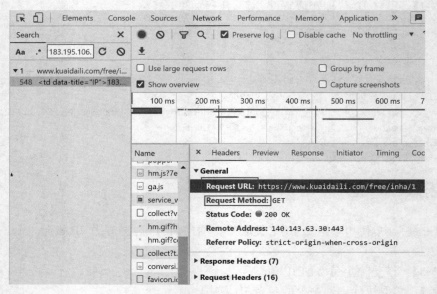

图 5.3 待解析的目标网页

操作步骤如下：

第一步：查看 Network 面板，找到目标数据所在请求资源文件的 Headers，如图 5.4 所示，对 Request URL 发送 GET 请求，获得网页数据。

图 5.4 查看目标数据的 Headers

第二步：解析网页数据，获得 PORT、IP 和协议类型。

代码如下：

```
from lxml import etree
def get_content(url):
    headers = {'User - Agent':'Mozilla/5.0 (Windows NT 6.1; Win64; x64) AppleWebKit/537.36
(KHTML, like Gecko) Chrome/80.0.3987.132 Safari/537.36'}  #加载伪装头防止反爬
    response = requests.get(url, headers = headers)
    if response.status_code == 200:
        print('连接正常')
        html = etree.HTML(response.text)
        IP = html.xpath('//td[@data - title = "IP"]/text()')
        PORT = html.xpath('//td[@data - title = "PORT"]/text()')
        TYPE = html.xpath( '//td[@data - title = "类型"]/text()')
        return IP, PORT, TYPE
    else:
        print('连接失败或遭遇反爬')
```

5.3.2　获取多页 IP

对获取的 IP、PORT 和协议类型封装成键值对的字典格式，并存储在字典列表中，已备监测可用性使用，代码实现如下：

```
import time
diclist = []
def get_url(page):                            #传入的数据是爬取目标网页的页数
    for i in range(int(page)):
        try:
            print('正在爬取第 % d 页'% (i + 1))
            url = 'https://www.kuaidaili.com/free/inha/{}/'.format(i + 1)
            print("爬取网址为:", url)
            IP, PORT, TYPE = get_content(url)   #这是一个自定义解析网页内容的方法
            for i in range(len(IP)):
                dic = {}
                dic[TYPE[i]] = IP[i] + ':' + PORT[i]
                diclist.append(dic)
            time.sleep(3)                       #防止访问频率过快,被封
        except Exception as e:
            print('爬取失败', e)
```

调用该方法之后程序执行结果如图 5.5 所示。

5.3.3　检测 IP 有效性

利用百度网页进行检测，将 IP 传入 proxies 参数中去验证，如果在规定的时间内返回的 state_code = 200，就说明 IP 是有效的，否则就报错，代码实现如下：

```
def check_ip(reg):  #网上检查 IP 的有效性
    url = 'https://www.baidu.com/'
    headers = {'User - Agent':'Mozilla/5.0 (Windows NT 6.1; Win64; x64) AppleWebKit/537.36
```

```
正在爬取第1页
爬取网址为： https://www.kuaidaili.com/free/inha/1/
连接正常
正在爬取第2页
爬取网址为： https://www.kuaidaili.com/free/inha/2/
连接正常

[{'HTTP' : '113.96.62.246:8081'},
 {'HTTP' : '183.195.106.118:8118'},
 {'HTTP' : '121.13.252.61:41564'},
 {'HTTP' : '222.78.6.70:8083'},
 {'HTTP' : '14.215.212.37:9168'},
 {'HTTP' : '111.59.199.58:8118'},
 {'HTTP' : '117.114.149.66:55443'},
 {'HTTP' : '27.42.168.46:55481'},
 {'HTTP' : '106.15.197.250:8001'},
 {'HTTP' : '47.243.68.117:8080'},
 {'HTTP' : '152.136.62.181:9999'},
 {'HTTP' : '152.136.62.181:9999'},
 {'HTTP' : '218.75.102.198:8000'},
 {'HTTP' : '183.247.215.218:30001'},
 {'HTTP' : '47.243.190.108:7890'},
```

图 5.5　得到 IP 地址

```
(KHTML, like Gecko) Chrome/80.0.3987.132 Safari/537.36'}
    can_use = []
    for i in reg:
        try:
            response = requests.get(url,headers,proxies = i,timeout = 1)
            if response.status_code == 200:
                can_use.append(i)
        except Exception as e:
            print('出现问题',e)
    return can_use
```

5.3.4　建立 IP 池

把检测有效的 IP 地址存储之后，就有了一个 IP 池，以备后续在爬取程序的时候，可以随机使用自己建立的 IP 池中的 IP 地址，代码如下：

```
can_ip = check_ip(diclist)
def save_ip(can_ip):
    with open('ip.txt','w + ') as f:
        for i in data:
            f.write(str(i) + '\n')
        f.close()
```

5.4　付费 IP 代理使用

免费的 IP 往往效果不是很好，可以搭建 IP 代理池，但是搭建一个 IP 代理池成本很高，如果只是个人平时偶尔使用一下爬虫，也可以考虑付费 IP，几块钱买个几小时动态 IP，多数情况下都足够爬一个网站了。这里推荐一个付费代理"阿布云"代理。

"阿布云"代理网址：https://www.abuyun.com/http-proxy/dyn-manual-python.html，代码实现如下：

```
import requests
# 要访问的目标页面
targetUrl = "http://test.abuyun.com"
#targetUrl = "http://proxy.abuyun.com/switch-ip"
#targetUrl = "http://proxy.abuyun.com/current-ip"
# 代理服务器
proxyHost = "http-dyn.abuyun.com"
proxyPort = "9020"
# 代理隧道验证信息
proxyUser = "H01234567890123D"
proxyPass = "0123456789012345"
proxyMeta = "http://%(user)s:%(pass)s@%(host)s:%(port)s" % {
    "host" : proxyHost,
    "port" : proxyPort,
    "user" : proxyUser,
    "pass" : proxyPass,
}
proxies = {
    "http" : proxyMeta,
    "https" : proxyMeta,
}
resp = requests.get(targetUrl, proxies=proxies)
print(resp.status_code)
print(resp.text)
```

首次使用的话，可以选择购买一个小时的动态版试用，单击生成隧道代理信息作为凭证加入代码中即可。

第6章

Selenium 库

Selenium 是一款用作 HTML 页面的 UI 自动化测试工具，支持 Chrome、Safari、Firefox 等主流界面式浏览器；支持多种语言开发，比如 Java、C、Python 等。而爬虫中使用它主要是为了解决 requests 无法执行 JavaScript 代码的问题及模拟登录问题。

6.1　Selenium 安装及环境配置

6.1.1　Selenium 安装

Selenium 可以通过下面方式安装：
（1）PIP 安装。

```
pip install selenium
```

（2）下载 Selenium 源码（https://pypi.org/project/selenium/），然后解压后运行下面的命令进行安装。

```
python setup.py install
```

6.1.2　环境配置

Selenium 支持 Chrome、Safari、Firefox 等主流界面式浏览器。以 Chrome 浏览器为例，Selenium 通过 ChromeDriver 驱动 Chrome 浏览器，其他主流浏览器也有相应驱动。需要下载 ChromeDriver，而且 ChromeDriver 版本需要与 Chrome 的版本对应，版本错误的话则会运行报错。环境配置如下：

1. 找到 Chrome 浏览器驱动下载地址"http://chromedriver. storage. googleapis. com/index. html"

打开链接地址，如图 6.1 所示。

2. 查看所用 Chrome 浏览器版本的方法

Windows 系统查看方法：打开 Chrome 浏览器→右上角三个点→设置→关于 Chrome，如图 6.2 所示。

3. 下载驱动程序

在上述 1 给定的网址中找到对应的版本驱动，对应大版本即可，如图 6.3 所示。

打开文件夹，里边有四个文件，如图 6.4 所示，前三个对应相应的系统（不用区分 64 位

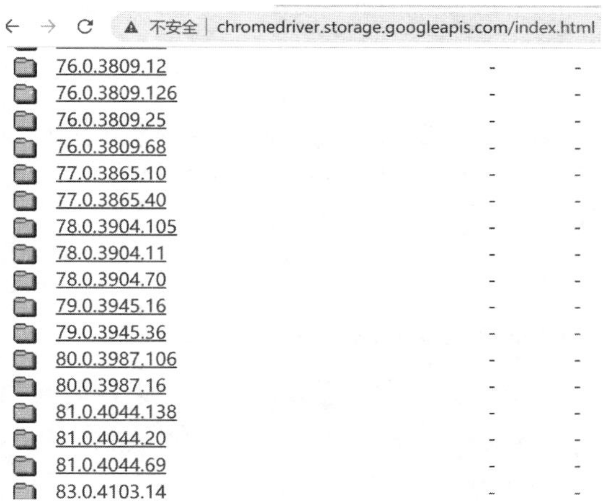

图 6.1 Chrome 浏览器下载地址

图 6.2 查看 Chrome 版本

图 6.3 查看 Chrome 版本驱动

图 6.4 文件夹中对应的内容

还是 32 位),notes.txt 文件里说明了更新内容和支持版本。

4. ChromeDriver 安装

Mac/Linux:下载完成解压后,将文件移动至/usr/local/bin 目录中,则可以正常使用。

Windows:下载完成解压后,将文件移动到一个配置了环境变量的文件夹中,例如 Python 程序所在文件夹下,那么程序就不需要指定驱动器路径。

6.1.3 环境测试

安装成功后,运行下面程序,会打开 Chrome 浏览器,并在浏览器上打开百度首页。

【例 6-1】 使用 Selenium 驱动 Chrome 浏览器并打开百度首页，代码实现如下：

```
from selenium import webdriver
from time import sleep
driver = webdriver.Chrome() ♯chromedriver.exe 放在程序所在目录下不需要指定路径
♯driver = webdriver.Chrome(executable_path = r'D:/chromedriver.exe') ♯指定路径
driver.get("http://www.baidu.com")
sleep(5)
driver.close()
```

成功打开浏览器的界面如图 6.5 所示。

图 6.5 测试成功打开 Chrome 浏览器

6.2 Selenium 简单使用及配置

6.2.1 打开网页

【例 6-2】 通过 Selenium 驱动 Chrome 浏览器并打开百度首页，浏览 2s 后关闭。

【解析】

第一步：从 Selenium 导入 webdriver，语句为 from Selenium import webdriver。

第二步：通过 webdriver 打开 Chrome 浏览器，并指定 Chrome 驱动器的存储路径，返回一个浏览器对象。

第三步：通过浏览器对象，对指定的网址发送请求。

第四步：查看打开的网页。

代码实现如下：

```
from selenium import webdriver
from time import sleep
browser = webdriver.Chrome() ♯chromedriver.exe 放在程序所在目录下不需要指定路径
♯driver = webdriver.Chrome(executable_path = r'D:/chromedriver.exe')  ♯指定路径
```

```
browser.get("https://www.python.org/")
print(browser.page_source)                          ＃打印网页源码
sleep(5)
driver.close()                                       ＃关闭当前页面
```

程序执行结果如图 6.6 所示，打开一个浏览器，停留 2s 后关闭退出。

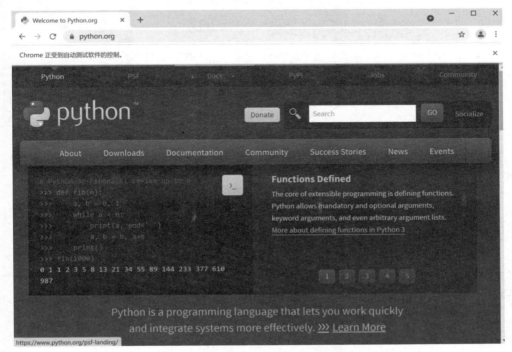

图 6.6　程序执行的结果

【说明】　sleep(2)表示在这里是停留 2s，Selenium 完全模拟人工打开浏览器并渲染网页，而网页渲染是需要时间的，如果渲染没有完成，获取的网页数据就不全。这个停留时间的长短与网页本身的数据特点有关，例如图片多渲染时间就长，那么停留时间也需要长一些；另外与网速也相关，测试程序在某个网络下数据正确，如果换个网络，数据则不正确，有可能是此网络网速慢，停留的时间不够加载完全部数据导致的，因此在网页上爬虫的时候，能用 Requests 库实现的，就不用 Selenium 库。

6.2.2　规避伪装机制

Selenium 打开的浏览器，如果没有添加规避机制，网页上会有如图 6.7 所示的"Chrome 正受到自动测试软件的控制。"弹出框。目前网站的反爬机制很完备，如果对代码不使用任何伪装技术，IP 很容易会被封。要实现检测规避，添加如例 6-3 所示的代码。

【例 6-3】　Selenium 使用规避检测伪装技术打开百度网页。

```
from selenium import webdriver
from time import sleep
from selenium.webdriver import ChromeOptions
option = ChromeOptions()                ＃添加监测的规避
```

图 6.7　未添加规避语句的提示

```
option.add_experimental_option('excludeSwitches',['enable - automation'])
brs = webdriver.Chrome(executable_path = './chromedriver.exe',options = option)
brs.get("https://www.baidu.com/")
print(brs.page_source)
sleep(2)
brs.quit()
```

运行代码，此时打开的浏览器不再有如图 6.7 所示的"Chrome 正在受到自动测试软件的控制"提示语句。

6.2.3　常见的配置项

Selenium 提供了对浏览器控制的各种配置语句，如表 6.1 所示。

表 6.1　常见配置参数说明

元　　素	说　　明
--headless	开启无界面模式
--user-agent＝请求头	对配置对象添加 User-Agent
--window-size＝1000,500	设置浏览器窗口大小
--start-maximized	全屏窗口
--disable-infobars	禁用浏览器正在被自动化程序控制的提示
--incognito	无痕模式
--disable-javascript	禁用 JavaScript
--disable-gpu	禁用 GPU

【例 6-4】　各种配置参数使用实例。

```
from selenium import webdriver
from selenium.webdriver.common.by import By
from selenium.webdriver.support import expected_conditions as EC
from selenium.webdriver.support.wait import WebDriverWait
chrome_options = webdriver.ChromeOptions()
chrome_options.add_argument('-- user - agent = ""')         # 设置请求头的 User - Agent
chrome_options.add_argument('-- window - size = 1280x1024')  # 置浏览器分辨率(窗口大小)
chrome_options.add_argument('-- start - maximized')          # 最大化运行(全屏窗口),不设置,提取元
                                                             # 素会报错
chrome_options.add_argument('-- disable - infobars')         # 禁用浏览器正在被自动化程序控
                                                             # 制的提示
chrome_options.add_argument('-- incognito')                  # 隐身模式(无痕模式)
chrome_options.add_argument('-- hide - scrollbars')          # 隐藏滚动条, 应对一些特殊页面
chrome_options.add_argument('-- disable - javascript')       # 禁用 JavaScript
```

```
chrome_options.add_argument('-- blink - settings = imagesEnabled = false')
chrome_options.add_argument('-- headless')                          #浏览器不提供可视化页面
chrome_options.add_argument('-- ignore - certificate - errors')     #禁用扩展插件并实现窗口
                                                                    #最大化
chrome_options.add_argument('-- disable - gpu')                     #禁用 GPU 加速
chrome_options.add_argument('- disable - software - rasterizer')
chrome_options.add_argument('-- disable - extensions')
chrome_options.add_argument('-- start - maximized')
browser = webdriver.Chrome(chrome_options = chrome_options)
browser.get('https://www.python.org/')
```

6.3　Selenium 的元素定位操作

使用 Selenium 做 Web 自动化测试及网络爬虫时,最根本的操作是用程序控制并操作页面上的元素,但是要实现通过程序对这些元素进行操作,必须首先能找到这些元素,因此元素的定位是必不可少的。下面来了解 Selenium 如何实现对页面元素的定位操作。

6.3.1　查看页面元素

元素定位操作也就是通过代码来定位元素在源码中的位置。要通过代码定位标签在源码中的位置,先要了解通过浏览器如何查看网页源码。以 Chrome 浏览器为例,要查看"百度"首页"搜索框"的标签所在源码位置,查看步骤如下,如图 6.8 所示。

图 6.8　查看页面元素

第①步:打开开发者工具面板上的 Elements 标签。

第②步:单击箭头,使箭头呈选中状态。

第③步:单击"搜索框"。

第④步:右侧自动在源码上定位到该"搜索框"所在的标签,可以查看该标签的 id、name、class 等属性,如图 6.9 所示。

```
<input type="text" class="s_ipt" name="wd" id="kw" maxlength="10
0" autocomplete="off"> == $0
```

图 6.9　百度"搜索框"对应的 input 标签

要在源码上通过代码定位此标签，就可以通过这些属性来选取。

下面通过代码来定位 input 标签，写代码之前首先来了解一下 Selenium 定位一个标签的方法。Selenium 定位标签通常有以下 8 种常见的方法，如表 6.2 所示。

表 6.2　元素常见的定位方法

元　素	定　位　方　法	含　义
ID	find_element_by_ID()	通过元素 ID 定位
name	find_element_by_name()	通过元素 name 定位
class	find_elements_by_class_name()	通过类名进行定位
link_text	find_element_by_link_text	通过完整超链接定位
Partial_link_text	find_element_by_partial_link_text()	通过部分链接定位
tag	find_element_by_tag_name()	通过标签定位
xpath	find_element_by_xpath()	通过 xpath 表达式定位
css	find_element_by_css_selector()	通过 CSS 选择器进行定位

6.3.2　通过 ID 定位元素

使用 ID 定位元素方法：find_element_by_ID(ID)，参数为 ID 属性值。

如图 6.9 所示，在"搜索框"标签属性中，有个 ID＝"kw"的属性，可以通过这个 ID 属性定位"搜索框"，定位到"搜索框"之后就能够在"搜索框"中填写要搜索的内容。

【例 6-5】　使用图 6.9 的"搜索框"标签的 ID 属性来定位"搜索框"，并搜索与关键词"爬虫"相关的数据信息。

【解析】　如果通过代码在"百度""搜索框"中输入文字，首先需要定位此"搜索框"，然后才能对其传值操作。在 6.3.1 小节，已经找到了搜索文本框的标签，通过 ID 定位"搜索框"的方法：find_element_by_ID('KW')

代码如下：

```
from time import sleep
from selenium import webdriver
driver = webdriver.Chrome(executable_path = './chromedriver.exe')
driver.get(r'https://www.baidu.com/')
driver.find_element_by_id('kw').send_keys('爬虫')       # 通过 ID 定位"搜索框"并输入爬虫
sleep(5)
driver.quit()
```

程序运行的结果如图 6.10 所示。

6.3.3　通过 name 定位元素

使用 name 定位元素方法：find_element_by_name(name)，参数为 name 属性值。

如图 6.9 中，在"搜索框"标签属性中，有一个 name＝"wd"的属性，可以通过这个 name 属性定位到"搜索框"。

【例 6-6】　使用图 6.9 的"搜索框"标签的 name 属性来定位"搜索框"，并搜索与关键词"爬虫"相关的数据信息。

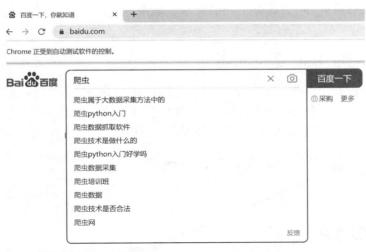

图 6.10　程序运行结果

```
from time import sleep
from selenium import webdriver
driver = webdriver.Chrome(executable_path = './chromedriver.exe')
driver.get(r'https://www.baidu.com/')
driver.find_element_by_name('wd').send_keys('爬虫')  # 通过 name 定位"搜索框"并输入爬虫
sleep(5)
driver.quit()
```

6.3.4　通过 class 定位元素

使用 class 定位元素的方法：find_element_by_class_name(class)，参数为 class 属性值。

如图 6.9 中，在"搜索框"标签属性中，有个 class＝"s_ipt"的属性，可以通过这个 class 属性定位到"搜索框"。

【例 6-7】　使用"搜索框"标签的 class 属性来定位"搜索框"，并搜索与关键词"爬虫"相关的数据信息。

```
from time import sleep
from selenium import webdriver
driver = webdriver.Chrome(executable_path = './chromedriver.exe')
driver.get(r'https://www.baidu.com/')
driver.find_element_by_class_name('s_ipt').send_keys('selenium')  # 通过 class 定位
sleep(5)
driver.quit()
```

6.3.5　通过 tag 定位元素

使用 tag 定位元素方法：find_element_by_tag_name()。

HTML 是通过 tag 来定义功能的，比如 input 是输入、table 是表格等。每个元素就是一个 tag，一个 tag 往往用来定义一类功能，查看 html 代码，可以看到很多 div、input、a 等

tag 标签，所以很难通过 tag 去区分不同的元素。基本上工作中用不到这种定义方法，仅了解就行。

6.3.6 通过 link 定位元素

使用 link 定位元素方法：find_element_by_link_text(link)，参数为页面上本文值。

此种方法是专门用来定位文本链接的，比如百度首页右上角有"新闻""hao123""地图"等超链接，在浏览器上单击此类文本，都会打开一个新的页面，如图 6.11 所示。

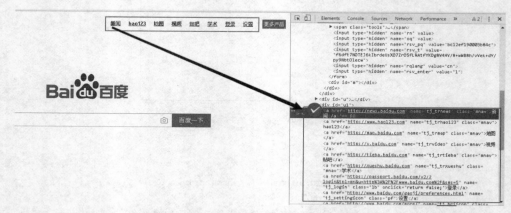

图 6.11　百度首页上各文本对应的链接地址

【例 6-8】　通过 link 定位元素。

```
from time import sleep
from selenium import webdriver
driver = webdriver.Chrome(executable_path = './chromedriver.exe')
driver.get(r'https://www.baidu.com/')
driver.find_element_by_link_text('新闻').click()    #通过 link 定位元素并单击
sleep(5)
driver.quit()
```

程序运行结果如图 6.12 所示。

图 6.12　运行结果——打开新的一页

6.3.7　通过 partial_link 定位元素

使用 partial_link 定位元素方法：find_element_by_partial_link_text(plink)，参数为文本的部分字符串。

有时候一个超链接的文本很长，如果全部输入，既麻烦又显得烦琐，此时可以只截取一部分字符串作为定位操作，也就是部分或模糊定位元素的方法。

【例 6-9】　通过 partial_link 定位元素。

```
from time import sleep
from selenium import webdriver
driver = webdriver.Chrome(executable_path = './chromedriver.exe')
driver.get(r'https://www.baidu.com/')
driver.find_element_by_partial_link_text('闻').click()        # 通过 partial_link 定位元素并
                                                              # 单击
sleep(5)
driver.quit()
```

6.3.8　通过 XPath 定位元素

使用 XPath 定位方法：find_element_by_xpath(xpath)，参数为一个 XPath 表达式。

前面介绍的几种定位方法都是在理想状态下，有一定使用范围的。局限性在于：如果在当前页面中，每个元素都有一个元素唯一的 ID 或 name 或 class 或超链接文本的属性，就可以通过这个唯一的属性值来定位它们。但是在实际工作中并非每个元素都具备这些属性，有时候要定位的元素并没有 ID、name、class 属性；或者有多个元素都具有相同的属性；又或者在刷新页面后，这些属性值可能会变化，这时就需要通过 XPath 或者 CSS 来定位。

XPath 定位是一种非常强大的定位方式，一般可以复制或者自己手写。

【例 6-10】　通过 XPath 表达式定位"百度"首页"搜索框"元素。

【解析】　找到对应待定位的标签的方法如图 6.4 所示，找到标签之后，在标签上右键复制 XPath 表达式，或者手写 XPath 表达式，在第 4 章已经详细讲解，这里不再赘述。

```
from time import sleep
from selenium import webdriver
driver = webdriver.Chrome(executable_path = './chromedriver.exe')
driver.get(r'https://www.baidu.com/')
driver.find_element_by_xpath("// * [@id = 'kw']").send_keys('爬虫')     # 通过 XPath 表达式定位
sleep(5)
driver.quit()
```

6.3.9　通过 CSS 定位元素

使用 CSS 定位元素方法：find_element_by_css_selector(css)，主要参数为带定位元素属性值。

CSS 属性定位，可以比较灵活地选择控件的任意属性，定位方式比 XPath 快，要求 class 属性是用"."标记，ID 属性是用"#"标记，代码如下：

```
driver.find_element_by_css_selector('#kw')
driver.find_element_by_css_selector('.s_ipt')
```

【例 6-11】 通过 CSS 定位百度首页"搜索框"元素。

```
from time import sleep
from selenium import webdriver
driver = webdriver.Chrome(executable_path = './chromedriver.exe')
driver.get(r'https://www.baidu.com/')
driver.find_element_by_css_selector('#kw').send_keys('爬虫')          # 通过 CSS 定位
sleep(5)
driver.quit()
```

6.3.10 通过 By 定位元素

在上述各种定位的方式上，也可以把 By 放在括号里来定位。如果掌握了上述几种定位方法，可以不用 By 定位，下面简单了解 By 定位的简单使用。

【例 6-12】 通过 By 来定位"百度"首页"搜索框"，"搜索框"标签如图 6.9 所示。

```
from selenium.webdriver.common.by import By
driver = webdriver.Chrome(executable_path = './chromedriver.exe')
driver.get(r'https://www.baidu.com/')
driver.find_element(By.ID, 'kw')
driver.find_element(By.NAME, 'wd')
driver.find_element(By.CLASS_NAME,'s_ipt')
driver.find_element(By.TAG_NAME,'input')
driver.find_element(By.LINK_TEXT,u'新闻')
driver.find_element(By.PARTIAL_LINK_TEXT,u'闻')
driver.find_element(By.XPATH,'// * [@id = 'kw']')
driver.find_element(By.CSS_SELECTOR, 'span.bg s_btm_w'> input # su)
```

6.4 Selenium 等待机制

为什么要设置等待？ 如果不等待几秒的话，程序很可能会有如下报错：

```
selenium.common.exceptions.NoSuchElementException
```

报错的原因是指没有找到标签元素。原因可能是找错了标签，也可能是这个标签由于网速慢等因素迟迟没有加载出来，就直接去获取这个标签，很明显是报错的。简单的解决办法是添加一个等待设置，如 time.sleep(3)，等待 3 秒，等这个标签元素加载出来之后，再去定位。time.sleep(3)使用简单，但如果这个标签在极短的时间内被加载出来了，如 1 秒，但是程序还继续再等待 2 秒，则造成了时间浪费。为了解决这种固定等待机制造成的时间浪费，Selenium 提供了其他方式的等待机制。下面介绍 Selenium 提供的三种等待机制，分别是：固定等待、隐式等待、显式等待。

6.4.1 固定等待

固定等待是利用 Python 语言自带的 time 库中的 sleep()方法，固定等待几秒。这种方式会导致脚本运行时间过长,尽可能少用,测试程序可以使用。

【例 6-13】 设置固定等待方式。

```
from selenium import webdriver
import time
driver = webdriver.Chrome(executable_path = './chromedriver.exe')
driver.get('https://www.baidu.com/')
time.sleep(2)      #设置固定等待
driver.quit()
```

这种等待方式,无论浏览器是否加载完成,程序都得等待 2 秒,时间一到,程序开始继续执行下面的代码。这种等待方式调试程序很有用,有时候也可以在代码里设置这样的等待,不过通常不建议使用这种等待方式,因为会严重影响程序执行速度。

6.4.2 隐式等待

WebDriver 类提供了 implicitly_wait()隐式等待方法来配置超时时间。隐式等待表示在自动化实施过程中,为查找页面元素或者执行命令设置一个最长等待时间。如果在规定时间内页面元素被找到或者命令被执行完成,则执行下一步,否则继续等待直到设置的最长等待时间截止。隐式等待对整个 Driver 的周期都起作用,所以仅设置一次即可,不需要和 sleep 一样到处都设置。

【例 6-14】 设置隐式等待方式。

```
from selenium import webdriver
driver = webdriver.Chrome()
driver.implicitly_wait(10)       # 只需要一个等待超时时间参数
driver.get('https://www.baidu.com')
driver.quit()
```

隐式等待的好处是不用像固定等待方法一样固定等待时间 n 秒,可以在一定程度上提升测试用例的执行效率。不过这种方法也存在弊端,那就是程序会一直等待整个页面加载完成。有时候页面想要的元素早就加载完成了,但是因为个别 JavaScript 之类的东西特别慢,程序仍得等到页面全部完成才能执行下一步。假如想等界面中想要的元素出来之后就执行下一步怎么办? 来了解 Selenium 提供的另一种等待方式:显式等待。

6.4.3 显式等待 WebDriverWait

显式等待配合 WebDriver 类的 until()和 until_not()方法使用,能够根据判断条件而进行灵活等待。隐式等待得等到执行的页面元素加载出来之后才会继续执行后面的代码。

显式等待比隐式等待更节约测试脚本执行的时间,使用 ExceptedConditions 类中的方法可以进行显式等待的判断。显式等待可以自定义等待的条件,用于更加复杂的页面元素判断。

执行过程:WebDriverWait 每几秒看一眼,如果条件成立了,则执行下一步,否则继续等待,直到超过设置的最长时间。显式等待会每过一段时间(该时间一般都很短,默认为 0.5 秒,也可以自定义),执行自定义的程序判断条件,如果判断条件成立,就执行下一步,否则继续等待,直到超过设定的最长等待时间,然后抛出 TimeOutException 的异常信息。

显式等待调用格式：WebDriverWait(driver,超时时长,调用频率,忽略异常). until(可执行方法,超时时返回的信息)

【例 6-15】 设置显式等待方式。

```
from selenium import webdriver
from selenium.webdriver.common.by import By
from selenium.webdriver.support.ui import WebDriverWait
from selenium.webdriver.support import expected_conditions as EC

driver = webdriver.Chrome(executable_path = './chromedriver.exe')
driver.get('https://www.douyu.com/directory/all')
try:
    # 显式等待 DyListCover - hot class 加载出来 20 秒,每 0.5 秒检查一次
    WebDriverWait(driver, 20, 0.5).until(EC.presence_of_element_located((By.CLASS_NAME, "
DyListCover - hot")))
    data = driver.find_elements_by_class_name('DyListCover - hot')
    for hot_num in data:
        print(hot_num.text)
finally:
    driver.close()
```

在抛出 TimeOutException 异常之前,程序将会等待 20 秒或者在 20 秒内发现了查找的元素。WebDriverWait 默认情况下会每 0.5 秒调用一次 ExpectedCondition,直到结果成功返回。其中 selenium.webdriver.support.expected_conditions 是 Selenium 的一个模块,包含一系列可用于判断的条件。ExpectedCondition 成功地返回结果是一个布尔类型的 True,或是不为 None 的返回值。常用于判断的等待条件,如表 6.3 所示。

表 6.3 常用于判断的等待条件

等 待 条 件	WebDriver 方法
页面元素是否在页面上可用或可被单击	elementToBeClickable(By locator)
页面元素处于被选中状态	elementToBeSelected(WebElement element)
页面元素在页面中存在	presenceOfElementLocated(By locator)
在页面元素中是否包含特定的文本	textToBePresentInElement(By locator)
页面元素值	textToBePresentInElementValue（Bylocator locator, String text)
标题	titleContains(String title)

显式等待中 selenium.webdriver.common.by 中 By 所支持查找的类型：

```
CLASS_NAME = 'classname'
CSS_SELECTOR = 'cssselector'
ID = 'id'
LINK_TEXT = 'link text'
NAME = 'name'
PARTIAL_LINK_TEXT = 'partial link text'
TAG_NAME = 'tag name'
XPATH = 'xpath'
```

【注意】 隐式等待和显式等待可以一同使用,最长的等待时间取决于两者之间的大者。

在使用 Selenium 爬取网页数据的过程中添加等待是非常重要的一步,千万不能省略,推荐使用显式等待和隐式等待结合的方式,在调试时可以使用 sleep() 等待机制,正式代码中不建议使用。

6.5 Selenium 控制浏览器

6.5.1 浏览器的常见操作

人工操作浏览器时对浏览器常进行的操作如图 6.13 所示。

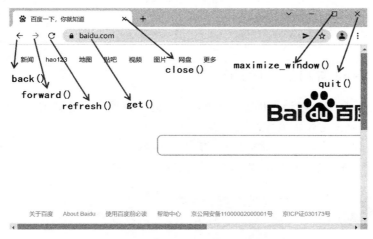

图 6.13 人工浏览网页时常进行的操作

【例 6-16】 通过 Selenium 来实现对浏览器的基本操作。

```python
from selenium import webdriver
from time import sleep
driver = webdriver.Chrome(executable_path = './chromedriver.exe')
driver.get('https://www.baidu.com')              # 进入百度页面
sleep(1)
driver.get('https://tieba.baidu.com')            # 进入贴吧页面
sleep(1)
driver.back()                                    # 返回上一页:百度页面
sleep(1)
driver.forward()                                 # 返回下一页:贴吧页面
sleep(1)
driver.set_window_size(500,1000)                 # 设置浏览器大小
sleep(1)
driver.maximize_window()                         # 最大化窗口
sleep(1)
# 单击 title 为娱乐明星的<a>标签元素
driver.find_element_by_css_selector("a[title = '娱乐明星']").click()
sleep(1)
driver.close()
```

```
driver.quit()
```

使用代码来实现直接控制浏览器常用的功能函数，如表 6.4 所示。

表 6.4 常用对浏览器的控制方法

方 法	说 明
get()	直接访问某个网址（传参输入网址）
back()	返回上一个页面
forward()	进入下一个页面
close()	关闭当前标签页
quit()	关闭浏览器
set_window_size()	设置浏览器大小（传参输入浏览器长、宽）
maximize_window()	最大化浏览器
refresh()	刷新页面

6.5.2 不同窗口之间切换

有时候单击某个链接时会弹出一个新的窗口，此时直接定位的话就会报错，应该先切换到要定位的窗口，再去定位需要定位的元素。

如图 6.14 的两个窗口，在左侧窗口①单击查询的时候，会自动打开一个新的窗口②。假如要定位窗口②的元素，需要用程序先切换到窗口②才能实现。

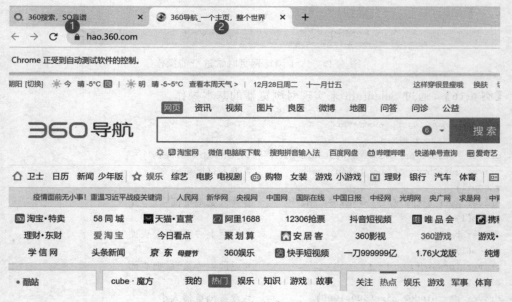

图 6.14 网页在新的窗口打开链接

当 Selenium 打开多个窗口进行切换时，常用的一些方法如下：

1. 查看当前 WebDriver 中打开的窗口

handles＝driver. window_handles 获取所有打开的窗口句柄，handles 为一个窗口列表［窗口 1,窗口 2,……］

2．切换窗口

```
driver.switch_window_to(driver.window_handles[x])    ♯x 代表列表索引, - 1 表示最新打开的窗口
driver.switch_to.window(handles[ - 1])        ♯切换为新打开的窗口
driver.switch_to.window(handles[0])         ♯切换回到最初打开的窗口
```

3．查看当前窗口

```
driver.current_window_handle
```

4．页面返回上一页

```
Driver.back()
```

【例 6-17】　以下要实现在 https：//www.so.com/页面单击"360 导航"，然后切换到新的窗口，并在搜索框输入关键词"爬虫"进行搜索操作。

【解析】　因为"https：//www.so.com/"网站在单击链接操作的时候，每次都是在新窗口打开链接，因此，在用代码控制打开新的页面时，必须控制页面的切换，否则可能会定位不到想要的元素。切换成行口有两种不同的方法，代码如下：

方法一：

```
from selenium import webdriver
driver = webdriver.Chrome(executable_path = './chromedriver.exe')
driver.get('https://www.so.com/')
driver.implicitly_wait(10)
driver.find_element_by_link_text('360 导航').click()
window1 = driver.current_window_handle      ♯获取当前的窗口句柄
all_windows = driver.window_handles       ♯获取所有打开的窗口句柄
for handle in all_windows:           ♯使用 for 循环遍历窗口,再用 if 判断语句,找到要
                          ♯定位的窗口

    if handle != window1:
        driver.switch_to.window(handle)
        driver.find_element_by_id('search - kw').send_keys('爬虫')
        driver.find_element_by_id('search - kw').submit()
driver.close()
sleep(1)
driver.quit()
```

方法二：

```
from selenium import webdriver
driver = webdriver.Chrome(executable_path = './chromedriver.exe')
driver.get('https://www.so.com/')
driver.implicitly_wait(10)
driver.find_element_by_link_text('360 导航').click()
handles = driver.window_handles        ♯获取所有打开的窗口句柄,handles 为一个列表[窗口
                          ♯1,窗口 2,……]
driver.switch_to.window(handles[ - 1])   ♯切换为新打开的窗口
driver.switch_to.window(handles[0])    ♯切换回到最初打开的窗口
sleep(1)
driver.close()
```

```
sleep(1)
driver.quit()
```

6.5.3 鼠标事件

在 WebDriver 中，关于鼠标操作的方法封装在 ActionChains 类中，其中包括单击、右击、双击、拖动、鼠标悬停等常见功能。常见鼠标操作方法及说明如表 6.5 所示。

表 6.5 常见鼠标操作方法及说明

函 数 名	说 明
click(on_element＝None)	单击鼠标左键
click_and_hold(on_element＝None)	单击鼠标左键，不松开
release(on_element＝None)	在某个元素位置松开鼠标左键
context_click(on_element＝None)	单击鼠标右键
double_click(on_element＝None)	双击鼠标左键
drag_and_drop(source,target)	拖拽到某个元素然后松开
move_by_offset(xoffset,yoffset)	鼠标从当前位置移动到某个坐标
move_to_element(to_element)	鼠标移动到某个元素
move_to_element_with_offset(to_element, xoffset,yoffset)	移动到距某个元素多少距离的位置
perform()	执行所有 ActionChains 中存储的行为，相当于提交

【例 6-18】 鼠标操作的简单使用。

```
from selenium import webdriver
import time
from selenium.webdriver import ActionChains
driver = webdriver.Chrome(executable_path = './chromedriver.exe')
driver.get("https://www.baidu.cn")
# 定位到需要右击的元素,然后执行鼠标右击操作(例:对新闻标签进行右击)
context_click_location = driver.find_element_by_xpath('// * [@id = "s - top - left"]/a[1]')
ActionChains(driver).context_click(context_click_location).perform()
time.sleep(2)                                        # 停留 2 秒,看一下效果
# 定位到需要悬停的元素,然后执行鼠标悬停操作(例:对更多标签进行悬停)
move_to_element_location = driver.find_element_by_xpath('// * [@id = "s - top - left"]/div/a')
ActionChains(driver).move_to_element(move_to_element_location).perform()
time.sleep(2)                                        # 停留 2 秒,看一下效果
driver.find_element_by_xpath('// * [@id = "su"]').click()   # 鼠标悬浮后单击高级搜索
time.sleep(2)                                        # 停留 2 秒,看一下效果
driver.quit()
```

6.5.4 键盘事件

在 WebDriver 中，关于键盘操作的方法封装在 Keys() 类中，其中几乎包含了键盘所有按键并且支持组合键功能，如表 6.6 所示。

表 6.6　常见键盘操作方法

函　数　名	说　明
Keys. BACK_SPACE	回退键(Backspace)
Keys. TAB	制表键(Tab)
Keys. ENTER	回车键(Enter)
Keys. SHIFT	大小写转换键(Shift)
Keys. CONTROL	Control 键(Ctrl)
Keys. ALT	ALT 键(Alt)
Keys. ESCAPE	返回键(Esc)
Keys. SPACE	空格键(Space)
Keys. PAGE_UP	翻页键上(Page Up)
Keys. PAGE_DOWN	翻页键下(Page Down)
Keys. END	行尾键(End)
Keys. HOME	行首键(Home)
Keys. LEFT	方向键左(Left)
Keys. UP	方向键上(Up)
Keys. RIGHT	方向键右(Right)
Keys. DOWN	方向键下(Down)
Keys. INSERT	插入键(Insert)
Keys. DELETE	删除键(Delete)
Keys. NUMPAD0～NUMPAD9	数字键 1～9
Keys. F1～F12	F1～F12 键
(Keys. CONTROL,'a')	组合键 Ctrl+a,全选
(Keys. CONTROL,'c')	组合键 Ctrl+c,复制
(Keys. CONTROL,'x')	组合键 Ctrl+x,剪切
(Keys. CONTROL,'v')	组合键 Ctrl+v,粘贴

【例 6-19】　键盘操作的简单使用。

```python
from selenium import webdriver
from selenium.webdriver.common.keys import Keys
import time
driver = webdriver.Chrome(executable_path = './chromedriver.exe')
driver.get("http://www.baidu.com")
driver.find_element_by_id("kw").send_keys("爬虫 8")        #输入框输入内容,也可以接收变量
time.sleep(1)                                             #停留 1 秒观察效果
driver.find_element_by_id("kw").send_keys(Keys.BACK_SPACE)   # 删除多输入的一个 8
time.sleep(1)
driver.find_element_by_id("kw").send_keys(Keys.SPACE)     # 输入空格键 + "CSDN"
driver.find_element_by_id("kw").send_keys("CSDN")
time.sleep(1)
driver.find_element_by_id("kw").send_keys(Keys.CONTROL, 'a')     # Ctrl + a 全选输入框内容
time.sleep(1)
driver.find_element_by_id("kw").send_keys(Keys.CONTROL, 'x')     # Ctrl + x 剪切输入框内容
time.sleep(1)
driver.find_element_by_id("kw").send_keys(Keys.CONTROL, 'v')     # Ctrl + v 粘贴内容到输入框
time.sleep(1)
```

```
driver.find_element_by_id("su").send_keys(Keys.ENTER)   ＃通过回车键来代替单击操作
time.sleep(1)
driver.quit()
```

6.5.5　定位 Frame/IFrame

在 Web 应用中经常会遇到 Frame/IFrame 表单嵌套页面的应用，WebDriver 只能在一个页面上对元素识别与定位，对于 Frame/IFrame 表单内嵌页面上的元素无法直接定位。这时需要通过 switch_to.frame() 方法将当前定位的主体切换为 Frame/IFrame 表单的内嵌页面中。

切换用到的方法如下：

（1）switch_to.frame() 切换为 frame/IFrame 表单的内嵌页面中，参数为框架的 ID、name 或是通过 XPath 定位到的框架元素等。

（2）switch_to.parent_frame() 退出内嵌页面。

切换到子框架的方法是先要定位到子框架，然后调用 switch_to.frame() 进入此框架页面。这里 IFrame 的切换是默认支持 Frame/IFrame 表单的 ID 和 name 的方法的，实际情况中会遇到没有 ID 属性和 name 属性为空的情况，需要先定位 IFrame 元素。定位元素采用 6.3 节的几种方法。

【例 6-20】　通过 Selenium 模拟登录 https://mail.qq.com/，登录界面如图 6.15 所示。

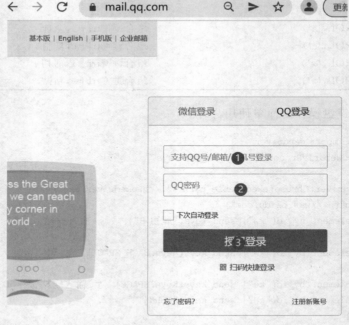

图 6.15　登录界面需要定位的元素

【解析】　在浏览器上登录 QQ 邮箱，需要输入用户名、密码，然后单击登录按钮实现登录操作。使用 Selenium 模拟登录的操作步骤如下：

第一步：首先在 Elements 源码中找到这三个元素，如图 6.15 上标记的①②③，查看其属性,为定位做准备。以定位"输入框"元素为例,操作步骤如下,对应如图 6.16 所示。

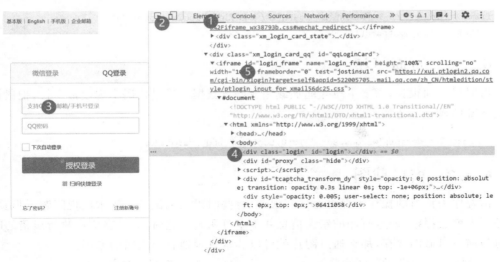

图 6.16　定位用户名输入框元素

第①步:打开 Elements 面板。

第②步:单击箭头,使其呈蓝色选中状态。

第③步:单击左侧"输入框"。

第④步:自动在源码里落入"输入框"对应的标签。

第⑤步:注意,"输入框"是在一个 IFrame 框架下,如图 6.16 所示,必须通过代码先把页面切换到该 IFrame 框架下,才能再定位到"输入框"及该框架上的其他元素,此 IFrame 有 id="login_frame"和 name="login_frame",直接使用 switch_to.frame('login_frame')。

第二步:通过 Selenium 发送请求,获得网页源码。

第三步:根据第一步查看的属性,使用 6.3 节中所讲的某一种定位方式在源码上定位元素。

第四步:对定位到的元素发送文字或单击鼠标操作完成模拟登录。

代码如下:

```
from selenium import webdriver
from time import sleep
driver = webdriver.Chrome(executable_path = './chromedriver.exe')
driver.get('https://mail.qq.com/')
sleep(3)
driver.switch_to.frame('login_frame')                              # 切换到此 IFrame
driver.find_element_by_xpath('//*[@id = "u"]').send_keys('QQ 号')      # 输入 QQ 号
driver.find_element_by_xpath('//*[@id = "p"]').send_keys('QQ 密码')    # 输入密码
driver.find_element_by_xpath('//*[@id = "login_button"]').click()  # 单击登录
sleep(3)
driver.quit()
```

程序登录成功之后直接进入下一个页面。

【补充】　因为子框架 ifame 有 ID 或 name,所以直接通过 ID 或 name 登录。如果没有

ID 或者 name，首先通过 XPath 定位到 IFrame，然后再切换到 IFrame，代码如下：

```
frame = driver.find_element_by_xpath('//*[@id="login_frame"]')
driver.switch_to.frame(frame)
```

6.5.6 页面下拉

有时候页面很长，需要下拉才能加载完成网页数据。通过代码实现模拟下拉，把鼠标滚动到底部的操作方法如下：

```
brs.execute_script['window.scrollTo(0,document.body.scrollHeight')]
```

6.5.7 窗口截图

由程序去执行的操作不允许有任何误差，有些时候在测试的时候未出现问题，但是放到服务器上就会报错，而且打印的错误信息并不十分明确。这时，如果在脚本执行出错的时候能对当前窗口截图保存，那么通过图片就可以非常直观地看出出错的原因。

WebDriver 提供了截图函数 get_screenshot_as_file()来截取当前窗口。

【例 6-21】 截屏操作实例。

```
from selenium import webdriver
driver = webdriver.Chrome(executable_path = './chromedriver.exe')
driver.get('https://www.baidu.com/')
# 截图，图片后缀最好为.png，如果是其他的格式执行时会有警告，但不会报错
driver.get_screenshot_as_file("截屏.png")
driver.quit()
```

6.5.8 文件上传

大部分的文件上传功能都是用 input 标签实现，这样就可以把它看作一个输入框，通过 send_keys()指定文件进行上传操作。

【例 6-22】 文件上传操作实例。

```
from selenium import webdriver
import time
driver = webdriver.Chrome(executable_path = './chromedriver.exe')
driver.get('http://file.yiyuen.com/file/')
# 定位上传按钮，添加本地文件
driver.find_element_by_name("files").send_keys('此处指定文件路径和文件')
time.sleep(10)
driver.quit()
```

6.6 Selenium 爬虫案例

6.6.1 单页爬取案例

【例 6-23】 通过 Selenium 爬取腾讯招聘 https://careers.tencent.com/search.html?pcid=40001 上的岗位信息，爬取目标如图 6.17 所示。

图 6.17　爬取目标

【解析】　通过前面 3.3 节案例分析,可得知招聘岗位的数据信息是 JSON 格式。本题要求使用 Selenium 解析网页源码数据来获取具体的岗位信息,操作步骤如下:

第一步:使用程序打开浏览器并返回一个浏览器对象。

第二步:通过浏览器对象对指定网址发送请求,注意此网址就是浏览器地址栏里的网址。

第三步:获取网页源码数据。

第四步:把网页源码数据转化成可解析的 etree 对象,从这一步开始又回到第 4 章所讲的 XPath 语法。

第五步:通过 XPath 语法解析网页,获取所需要的各个字段数据。

代码如下:

```
from selenium import webdriver
from lxml import etree
from time import sleep
browser = webdriver.Chrome(executable_path = './chromedriver.exe')  ＃执行此语句可以打开一
                                                                    ＃个浏览器
url = "https://careers.tencent.com/search.html?pcid = 40001"
browser.get(url)                   ＃获取浏览器当前页面的源码数据
sleep(5)                           ＃停留 5 秒,可以采用其他等待方法
page_text = browser.page_source    ＃通过这个属性获取页面源码数据
html = etree.HTML(page_text)
post = html.xpath('//div//h4[@class = "recruit - title"]/text()')   ＃职位名
address = html.xpath('//div[@class = "recruit - wrap recruit - margin"]//p/span[2]/text()')
＃地址
category = html.xpath('//div[@class = "recruit - wrap recruit - margin"]//p/span[3]/text()')
```

```
                                      #类型
for i in range(len(post)):
    print(post[i],address[i],category[i])
browser.quit()
```

程序执行结果如图 6.18 所示。

> 35597-腾讯看点Android/iOS开发工程师 深圳,中国 技术
> 40833-后台开发工程师 深圳,中国 技术
> 18428-金融科技清结算业务Java高级开发工程师（深圳） 深圳,中国 技术
> CSIG15-智能平台产品部-高级前端开发工程师（CSIG全资子公司） 武汉,中国 技术
> CSIG15-智能平台产品部-高级java开发工程师（CSIG全资子公司） 武汉,中国 技术
> WXG03-公众号&小程序数据分析工程师（广州） 广州,中国 技术
> WXG01-微信视频号直播数据分析师 广州,中国 技术
> WXG01-微信视频号数据分析师（用户增长方向） 广州,中国 技术
> 40164-FFW-开放世界-服务器工具开发工程师（深圳） 深圳,中国 技术
> 40164-FFW-开放世界-服务器AI开发工程师（深圳） 深圳,中国 技术

图 6.18　爬取的职位信息

6.6.2　多页爬取案例

通常爬取的数据会在很多页中,关于 Selenium 的多页爬取,可以通过单击网页上的翻页链接来实现。并且有时候爬取内容还需要退回上一页,因此也会存在页面切换操作。下面两个案例实现对翻页和页面切换的操作。

【例 6-24】　搜索并爬取学校主页上 https://www.cidp.edu.cn/所有与考试相关的新闻标题和单击量,爬取起始位置和爬取目标如图 6.19 和图 6.20 所示。

图 6.19　爬取起始位置

图 6.20　爬取的目标

【解析】　操作的主要步骤如下:

1. 打开新闻标题页

第一步:对图 6.19 中的网页 https://www.cidp.edu.cn/发送请求,获得源码。

第二步:在 Element 面板源码上查找"输入框"标签和"搜索"按钮在源码上的位置,如图 6.19 的①②所示。

第三步：通过程序定位"输入框"，并发送文本"考试"，定位方法如 6.5 节所述，有多种。

第四步：通过程序定位"搜索"按钮，调用 click() 方法模拟单击。

第五步：程序打开新闻标题页。

代码如下：

```
from selenium import webdriver
from lxml import etree
from time import sleep
# 监测的规避
from selenium.webdriver import ChromeOptions
option = ChromeOptions()
option.add_experimental_option('excludeSwitches',['enable-automation'])
brs = webdriver.Chrome('chromedriver.exe',options = option)
url = "https://www.cidp.edu.cn/"
brs.get(url)
sleep(1)
brs.find_element_by_xpath('//*[@id = "showkeycode212615"]').send_keys('考试')
                                                            # 定位输入框并输入数据
brs.find_element_by_xpath('//*[@id = "au3a"]/div[2]/input').click()    # 定位查询按钮并发
                                                            # 命令
sleep(2)
```

程序执行的结果，打开了与"考试"相关的新闻标题页，如图 6.21 所示。

搜索结果　　　　　　　　　　　　　　　　　　　　　　🏠 首页 >> 搜索结果

﹥ 新闻中心　学校召开年度重点工作任务推进会		2021-11-17
﹥ 新闻中心　学校组织开展期中结课课程考试检查工作		2021-11-13
﹥ 新闻中心　教学相长 共谋发展		2021-11-05
﹥ 新闻中心　心系校园 筑梦成才		2021-10-29
﹥ 新闻中心　快评丨回归常识本分 狠抓教风学风		2021-10-04
﹥ 通知公告　防灾科技学院2022年全日制专业学位硕士研究生招生简章		2021-09-17
﹥ 通知公告　2021年防灾科技学院高等学历继续教育招生简章		2021-08-26
﹥ 通知公告　关于开展2021年河北省高校教师岗前培训工作的通知		2021-07-02
﹥ 新闻中心　我校2021年上半年全国大学英语四六级考试工作顺利完成		2021-06-15
﹥ 新闻中心　学校召开中层干部大会		2021-06-15
﹥ 新闻中心　我校2021年上半年全国计算机等级考试工作顺利完成		2021-05-30
﹥ 招标公告　防灾科技学院考试实验室考试实验台询价中标（成交）结果公告		2021-04-02
﹥ 招标公告　防灾科技学院考试实验室教学设备补充询价中标（成交）结果公告		2021-04-02
﹥ 招标公告　cidp-2021-16防灾科技学院考试实验教学设备升级采购项目中标（成交）结果公告		2021-03-29
﹥ 招标公告　防灾科技学院考试实验室教学设备补充询价更正公告		2021-03-23

共有 287 条　首页　上一页　下一页　尾页　共有 20 页　当前第 1 页　转到 [　] 页

图 6.21　通过程序打开的新闻标题页

2．循环打开新闻内容页

在新闻标题页，通过单击标题链接打开每一个新闻内容页。

第一步：通过 XPath 定位这一页所有的新闻标题，定位方法前面已经讲过，这里不再赘述，定位结果如图 6.22 所示。

第二步：循环对定位到的元素进行单击操作，进入新闻内容页。

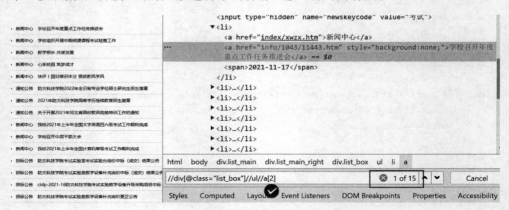

图 6.22　使用 XPath 新闻内容定位结果

代码如下：

```
newslist = brs.find_elements_by_xpath('//div[@class = "list_box"]//ul/li')
for i in range(len(newslist)):
    newslist[i].find_element_by_xpath('./a[2]').click()
```

其中，find_elements_by_xpath()方法实现定位多个标签。

3．爬取新闻内容页具体数据

通过上一步操作，打开了新闻内容页，这一步开始解析新闻内容页，获取标题和单击量两个信息。

代码如下：

```
html = etree.HTML(brs.page_source)
newsname = html.xpath('//form[@name = "_newscontent_fromname"]/h1/text()')
newsclick = html.xpath('//div[@class = "other - s"]/span/text()')
```

其中，html. xpath('//form[@name = "_newscontent_fromname"]/h1/text()')是通过 XPath 解析出新闻标题，html. xpath('//div[@class = "other-s"]/span/text()')是通过 XPath 解析单击量。

4．返回新闻标题页

获取新闻内容后，需要返回上一页，使用 brs. back()实现退回到上一页。回到新闻标题页，单击下一个新闻标题链接，进入当前这个新闻内容页，继续解析当前页内容。

返回上一页的代码如下：

```
brs.back()      # 回退
```

通过上面四步，可以获取新闻标题页的所有新闻标题和单击量。执行结果如图 6.23

所示。

```
['学校召开年度重点工作任务推进会']  ['652']
['学校组织开展中期结课课程考试检查工作']  ['747']
['防灾科技学院考试实验室教学设备补充询价公告']  ['249']
['防灾科技学院考试实验室考试实验台询价公告']  ['263']
['关于调整防灾科技学院2020年第二学士学位校外报考考生考核方式的通知']  ['2580']
['关于公布报考防灾科技学院2020年第二学士学位校外考生资格审查结果的通知']  ['1809']
['致全校师生的一封信']  ['5836']
['关于2019年中级职称评审、转评、认定结果的公示']  ['1336']
['我校圆满完成2018年下半年全国大学英语四、六级考试工作']  ['464']
['新时代高校教师职业行为十项准则']  ['73']
['关于2017年专业技术职务任职资格推荐评审工作的通知']  ['99']
['学院召开2017年度信息化建设项目实施方案专家评审会议']  ['40']
```

图 6.23　爬取一页新闻标题页的数据

5．翻页操作

翻页操作通过定位"下一页"按钮并发送"单击"命令，如图 6.21 所示。

代码如下：

```python
from selenium import webdriver
from lxml import etree
from time import sleep
from selenium.webdriver import ChromeOptions  #监测的规避
option = ChromeOptions()
option.add_experimental_option('excludeSwitches',['enable-automation'])
brs = webdriver.Chrome('chromedriver.exe', options = option)
url = "https://www.cidp.edu.cn/"
brs.get(url)
sleep(1)
brs.find_element_by_xpath('//*[@id = "showkeycode212615"]').send_keys('考试')   #定位输入
                                                                              #框并输入数据
brs.find_element_by_xpath('//*[@id = "au3a"]/div[2]/input').click()   #定位查询按钮并发
                                                                      #出单击命令
sleep(2)
hreflist = brs.find_elements_by_xpath('//a[@style = "background:none;"]')   #定位多个标签
while True:
    for i in range(len(hreflist)):   #多个标签遍历
        listnew = brs.find_elements_by_xpath('//div[@class = "list_box"]/ul/li')
        listnew[i].find_element_by_xpath('./a[2]').click()   #层级定位单个标签
        html = etree.HTML(brs.page_source)
        newsname = html.xpath('//form[@name = "_newscontent_fromname"]/h1/text()')
        newsclicks = html.xpath('//div[@class = "other-s"]/span/text()')
        print(newsname, newsclicks)
        sleep(1)
        brs.back()   #回退
    brs.find_element_by_link_text('下一页').click()   #按文字定位并发送翻页命令
brs.quit()
```

【注意】　如果当前页面很长，一屏无法显示，那么需要使用模拟鼠标拖动，把屏幕拉到底部，使用的方法如下：

```python
browser.execute_script('window.scrollTo(0,document.body.scrollHeight)')
```

第 7 章

Requests 与 Selenium 结合使用

通过上一章的例子,可以看出 Selenium 在对网页发送请求后,有一个下载源码和渲染页面的过程,需要一定时间的等待,否则程序执行过程就可能出错,所以 Selenium 爬虫程序执行的效率相对来说比较低,建议能使用 Requests 的地方尽量不使用 Selenium。

在使用 Requests 对携带查询词条的网页进行收集数据时,可以把查询词条当作参数一起发送请求,但是有时候网站对词条进行了编码,使得使用词条作为参数的 Requests 变得困难。其次,在设置了复杂的反爬机制情况下,使用 Requests 登录网站比较难以实现。而 Selenium 相对来说设置查询条件和登录操作要容易很多。对于需要登录后才能获得数据的网站,可以使用 Selenium 模拟登录后,获取 Cookie 信息,对请求到的网页使用携带 Cookie 的 Session 保持会话模式获取数据。本章主要讲解 Requests 和 Selenium 结合使用方法。

7.1 Selenium 模拟登录

很多时候,获取的数据需要登录后才能爬取到页面数据,随着网站反爬机制越来越成熟,使用 Requests 登录就不是非常方便,但是使用 Selenium 登录页面相对就容易很多。

7.1.1 Selenium 程序模拟登录

【例 7-1】 通过 Selenium 模拟登录大厅 http://ehall.cidp.edu.cn/new/index.html,并爬取登录后的新闻标题和新闻时间,操作界面及爬取目标如图 7.1 所示。

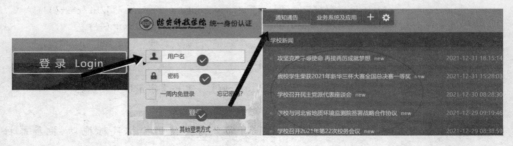

图 7.1 登录页面

【解析】 操作步骤如下所示。

第一步:首先通过 Selenium 定位"登录"按钮,并模拟单击进入输入"用户名"及"密码"

页面。

第二步：定位"用户名"和"密码"的输入框，并发送"用户名"和"密码"；然后模拟单击登录进入通知公告页。

第三步：获取通知公告页的数据，这一步，有两种方法可以获取当前页的新闻标题和新闻时间。

① 通过 Selenium 对浏览器地址栏里的 URL 发送 GET 请求，获取源码，然后从源码中通过 XPath 解析出新闻标题和新闻时间。

② 使用 Requests，分析并找到网页中新闻标题和时间所在的资源文件，查看资源文件的请求头部，找到对应的 Request URL、Request Method 以及参数，为写爬虫程序做准备，但是因为这个页面是登录后的页面，如果使用 Requests 发送请求，就需要携带记录用户登录后的 Cookie 信息。

下面代码暂时只实现到登录成功部分。

```
from selenium import webdriver
from time import sleep
from lxml import etree
url = 'http://ehall.cidp.edu.cn/new/index.html'
brs = webdriver.Chrome(executable_path = 'chromedriver.exe')
brs.get(url)
brs.find_element_by_xpath('//*[@id = "ampHasNoLogin"]/span[1]').click()          # 单击登录
brs.find_element_by_xpath('//*[@id = "username"]').send_keys('用户名')          # 输入用户名
brs.find_element_by_xpath('//*[@id = "password"]').send_keys('密码')           # 输入密码
brs.find_element_by_xpath('//*[@id = "casLoginForm"]/p[5]/button').click()     # 单击登录
sleep(4)
brs.quit()
```

7.1.2 手动输入数据模拟登录

使用 Selenium 登录，一种可以通过程序定位到输入框，通过程序输入数据；另外对于复杂的登录验证页面，例如输入验证码、输入短信等，可以直接使用 Selenium 打开浏览器，然后手动输入数据，实现登录页面成功后获取 Cookie，后续就可以使用 Requests 获取数据了。

【例 7-2】 使用 Selenium 打开登录电脑版新浪微博，手动输入验证信息登录，获取 Cookie 数据，登录目标如图 7.2 所示。

【解析】 登录方式使用 Selenium 打开登录页面，然后在打开的登录页面手动登录，例如手动输入用户名和密码、手动用手机扫码等，登录后获取到 Cookie 信息，代码如下：

```
from selenium import webdriver
from time import sleep
browser = webdriver.Chrome(executable_path = 'chromedriver.exe')
url = "https://s.weibo.com/weibo/ % 25E6 % 259E % 2597 % 25E7 % 2594 % 259F % 25E6 % 2596 % 258C?
topnav = 1&wvr = 6"
sleep(1)
browser.get(url)
# 这里开始转到浏览器打开的页面，人工登录，登录完成之后，到程序里输入'y'
```

图 7.2　登录页面

```
flag = input('登录完成请输入 yy')            #控制程序继续执行
if flag == 'y':
    cookies = browser.get_cookies()         # 获取 Cookies
    print(cookie)
```

程序执行的结果如图 7.3 所示。

登录完成请输入yy
[{'domain': '.weibo.com', 'expiry': 1672895933, 'httpOnly': False, 'name': 'ALF', 'path': '/', 'sameSite': 'None', 'secure': True, 'value': '1672895934'}, {'domain': 'weibo.com', 'httpOnly': False, 'name': 'XSRF-TOKEN', 'path': '/', 'secure': True, 'value': 'GDmDFo3f-iC1LPflyOwKE XnU'}, {'domain': '.weibo.com', 'expiry': 1672895933, 'httpOnly': False, 'name': 'SUBP', 'path': '/', 'sameSite': 'None', 'secure': True, 'v alue': '0033WrSXqPxfW725Ws9jqgMF55529P9D9WhjSo29vM1XfwlRKjCNRIe15JpX5KzhUgL.FoMNe0eXe0e7SOM2dJLoIp7LxKML1KBLBKnLxKqL1hnLBoMNSOe0She0ehMN'}, {'domain': '.weibo.com', 'expiry': 1672463914, 'httpOnly': False, 'name': 'ULV', 'path': '/', 'secure': False, 'value': '1641359914659:1:1: 1:2425954140468.9844.1641359914656:'}, {'domain': '.weibo.com', 'expiry': 1956719914, 'httpOnly': False, 'name': 'SINAGLOBAL', 'path': '/', 'secure': False, 'value': '2425954140468.9844.1641359914656'}, {'domain': '.weibo.com', 'httpOnly': False, 'name': 'SSOLoginState', 'path': '/', 'sameSite': 'None', 'secure': True, 'value': '1641359934'}, {'domain': '.weibo.com', 'httpOnly': True, 'name': 'SUB', 'path': '/', 'sameSite': 'None', 'secure': True, 'value': '_2A25MOVpuDeRhGeFJ6FEV8y3MzDuIHXVvp8ymrDV8PUNbmtAKLRPWkW9NfD5MuYQHX-mTHkwtGHnNsXadp5DRGFyN'}, {'domain': '.weibo.com', 'httpOnly': False, 'name': 'Apache', 'path': '/', 'secure': False, 'value': '2425954140468.9844.1641359914656'}, {'doma in': 'weibo.com', 'expiry': 1641446333, 'httpOnly': True, 'name': 'WBPSESS', 'path': '/', 'secure': True, 'value': 'Pv6yU4Dw1A2iWG5i2Eu5hB_C TacG9g_OCDz44SATziHrSPAhC2vk2Hogqve45c-J37HguvcFkHj1MEdeZA5PWpinDFrTkbgYkex7V7pdxns_j8DYej9awi5bq7R7rcbXHj2-9bfopaII17Ijf9ztLg=='}, {'domai n': '.weibo.com', 'httpOnly': False, 'name': '_s_tentry', 'path': '/', 'secure': False, 'value': 'passport.weibo.com'}]

图 7.3　程序获取的 Cookie 信息

7.2　Cookie 与 Session 机制

　　为了实现用 Selenium 模拟登录后，再通过 Requests 来爬取数据，下面需要简单了解 Cookie 和 Session 的概念。当用户打开一个浏览器，单击多个超链接，访问服务器多个 Web 资源，然后关闭浏览器，整个过程称为一次会话（Session）。会话跟踪是 Web 程序中常用的技术，用来跟踪用户的整个会话。常用的会话跟踪技术是 Cookie 和 Session。Cookie 通过在客户端记录信息确定用户身份，Session 通过在服务器端记录信息确定用户身份。

7.2.1　Cookie 机制

　　在程序中，会话跟踪是很重要的事情。理论上，一个用户的所有请求操作都应该属于同一个会话,而另一个用户的所有请求操作则应该属于另一个会话,二者不能混淆。例如用户 A 在超市购买的任何商品都应该放在 A 的购物车内,不论是用户 A 什么时间购买的,这都是属于同一个会话的,不能放入用户 B 或用户 C 的购物车内,这不属于同一个会话。

而 Web 应用程序是使用 HTTP 协议传输数据的,HTTP 协议是无状态的协议。一旦数据交换完毕,客户端与服务器端的链接就会关闭,再次交换数据需要建立新的链接。这就意味着服务器无法从链接上跟踪会话。即用户 A 购买了一件商品放入购物车内,当再次购买商品时服务器已经无法判断该购买行为是属于用户 A 的会话还是用户 B 的会话了。要跟踪该会话,必须引入一种机制。

Cookie 就是这样的一种机制,它可以弥补 HTTP 协议无状态的不足。在 Session 出现之前,基本上所有的网站都采用 Cookie 来跟踪会话。

Cookie 意为"甜饼",是由 W3C 组织提出,最早由 Netscape 社区发展的一种机制。目前 Cookie 已经成为标准,所有的主流浏览器如 Chrome、IE、Netscape、Firefox、Opera 等都支持 Cookie。

由于 HTTP 是一种无状态的协议,服务器单从网络连接上无从知道客户身份。怎么办呢? 就给客户端们颁发一个通行证吧,每人一个,无论谁访问都必须携带自己的通行证。这样服务器就能从通行证上确认客户身份了,这就是 Cookie 的工作原理。

Cookie 实际上是一小段文本信息。客户端请求服务器,如果服务器需要记录该用户状态,就使用 Response 向客户端浏览器颁发一个 Cookie。客户端浏览器会把 Cookie 保存起来。当浏览器再请求该网站时,浏览器把请求的网址连同该 Cookie 一同提交给服务器。服务器检查该 Cookie,以此来辨认用户状态。

如果用户是在自己家的计算机上上网,登录时就可以记住其登录信息,下次访问时不需要再次登录,直接访问即可。实现方法是把登录信息如账号、密码等保存在 Cookie 中,并控制 Cookie 的有效期,下次访问时再验证 Cookie 中的登录信息即可。

7.2.2　Session 机制

除了使用 Cookie,Web 应用程序中还经常使用 Session 来记录客户端状态。Session 是服务器端使用的一种记录客户端状态的机制,使用上比 Cookie 简单一些,相应地也增加了服务器的存储压力。

Session 是另一种记录客户状态的机制,不同的是 Cookie 保存在客户端浏览器中,而 Session 保存在服务器上。客户端浏览器访问服务器的时候,服务器把客户端信息以某种形式记录在服务器上。这就是 Session。客户端浏览器再次访问时只需要从该 Session 中查找该客户的状态就可以了。

如果说 Cookie 机制是通过检查客户身上的"通行证"来确定客户身份的话,那么 Session 机制就是通过检查服务器上的"客户明细表"来确认客户身份。Session 相当于程序在服务器上建立的一份客户档案,客户来访的时候只需要查询客户档案表就可以了。

了解了 Cookie 和 Session 的简单机制,下面通过 Selenium 登录,获取 Cookie,然后携带 Cookie,以 Session 的会话模式来爬取数据。

7.3 Requests、Cookie、Selenium 结合使用

SeleniumWebDriver 提供了操作 Cookie 的相关方法，可以读取、添加和删除 Cookie 信息，常用方法如表 7.1 所示。

表 7.1 WebDriver 操作 Cookie 的常用方法

函 数 名	说 明
get_cookies()	获得所有 Cookie 信息
get_cookie(name)	返回字典的 key 为"name"的 Cookie 信息
add_cookie(cookie_dict)	添加 Cookie。"cookie_dict"指字典对象，必须有 name 和 value 值
delete_cookie（name，optionsString)	删除 Cookie 信息。"name"是要删除的 Cookie 的名称，"optionsString"是该 Cookie 的选项，目前支持的选项包括"路径"和"域"
delete_all_cookies()	删除所有 Cookie 信息

下载数据的时候尽量使用 Requests，但是在需要登录时，Requests 相对比较麻烦，可以通过 Selenium 登录并保留 Cookie 数据，再使用 Requests 库爬取数据。

Requests 库的 Session 会话模式可以跨请求保持某些参数，比如使用 Session 成功登录了某个网站后，则再次使用该 Session 对象请求该网站的其他网页时，都会默认使用该 Session 之前使用过的 Cookie 等参数。

【例 7-3】 使用 Selenium 模拟登录教务大厅获取用户 Cookie，并以 Session 会话方法发送网页请求，获取登录后的 JSON 新闻数据，登录页面如图 7.1 所示。

【解析】 操作步骤如下：

第一步：使用 Selenium 模拟登录并进入新闻页，这一步在例 7-1 已经实现。

第二步：获取登录后的 Cookie 信息，获取 Cookie 的方法如下所示：

```
cookies = brs.get_cookies()          #获取 Cookie
for cookie in cookies:
    session.cookies.set(cookie['name'],cookie['value'])   #转换成对应标准格式
```

第三步：进入新闻页，采用 Requests 获取数据，因为是登录后才能获取数据，所以需要携带用户的 Cookie 信息，然后以 Session 会话模式发送请求。携带 Cookie 的 Session 模式，表示已经登录过了，Session 的请求方式代码实现如下所示：

```
session = requests.Session()                    #使用 Session 会话
url = "http://ehall.cidp.edu.cn/publicapp/sys/pubdzfzbdjkapp/news/\
getlistByOwner.do?treeId = 1043&owner = 1497576464&pageSize = 100&pageNum = 0&_ =
1633436220410"
headers = {
    'User - Agent': 'Mozilla/5.0 (Windows NT 10.0; Win64; x64) AppleWebKit/537.36\
    (KHTML, like Gecko) Chrome/92.0.4515.131 Safari/537.36'}
resp = session.get(url = url,headers = headers)    #使用 Session 来访问
resp.json()
```

代码如下：

```
from selenium import webdriver
from time import sleep
from lxml import etree
import requests
session = requests.Session()                                    # 使用 Session 会话
# 使用 Selenium 模拟登录,获取 Cookie,使用携带 Cookie 的 Session 会话模式
url = 'http://ehall.cidp.edu.cn/new/index.html'
brs = webdriver.Chrome(executable_path = 'chromedriver.exe')      # 可以使用无头方式
brs.get(url)
brs.find_element_by_xpath('//*[@id = "ampHasNoLogin"]/span[1]').click()
brs.find_element_by_xpath('//*[@id = "username"]').send_keys('用户名')
brs.find_element_by_xpath('//*[@id = "password"]').send_keys('密码')
brs.find_element_by_xpath('//*[@id = "casLoginForm"]/p[5]/button').click()
sleep(5)                                                         # 注意给足够的加载时间
cookies = brs.get_cookies()                                      # 获取 Cookie
for cookie in cookies:
    session.cookies.set(cookie['name'],cookie['value'])          # 转换成对应标准格式
# 使用 Requests 获取数据
url = "http://ehall.cidp.edu.cn/publicapp/sys/pubdzfzbdjkapp/news/\
getlistByOwner.do? treeId = 1043&owner = 1497576464&pageSize = 100&pageNum = 0& _ =
1633436220410"
headers = {
    'User - Agent': 'Mozilla/5.0 (Windows NT 10.0; Win64; x64) AppleWebKit/537.36\
    (KHTML, like Gecko) Chrome/92.0.4515.131 Safari/537.36'}
resp = session.get(url = url,headers = headers)                  # 使用 Session 来访问
resp.json()
```

程序执行的结果如图 7.4 所示,对收集到的 JSON 数据进行分析和提取新闻标题和时间的操作,请读者自行完成。

```
[{'id': '11553',
  'author': '',
  'title': '攻坚克难不辱使命 再接再厉成就梦想',
  'date': '2021-12-31 18:15:14',
  'url': 'http://www.cidp.edu.cn/info/1043/11553.htm',
  'treeid': '1043'},
 {'id': '11552',
  'author': '',
  'title': '我校学生荣获2021年新华三杯大赛全国总决赛一等奖',
  'date': '2021-12-31 15:28:03',
  'url': 'http://www.cidp.edu.cn/info/1043/11552.htm',
  'treeid': '1043'},
 {'id': '11546',
  'author': '',
  'title': '学校召开民主党派代表座谈会',
  'date': '2021-12-30 08:28:30',
  'url': 'http://www.cidp.edu.cn/info/1043/11546.htm',
  'treeid': '1043'},
 {'id': '11544',
  'author': '',
  'title': '学校与河北省地质环境监测院签署战略合作协议',
  'date': '2021-12-29 09:19:46',
```

图 7.4　执行的结果

【例 7-4】　通过 Selenium 模拟登录 http://58921.com/alltime,获取用户 Cookie 信息,使用 Requests.Session()会话模式下载电影排行榜数据,爬取目标如图 7.5 所示。

【解析】　在实际浏览网页的时候,是翻完两页后出现登录页面,然后才输入用户名和密

图 7.5 爬取目标

码进行登录，那么使用程序模拟时也同样如此，必须先使用 Selenium 程序翻两页，再模拟登录，否则会报错，操作步骤如下：

第一步：使用 Selenium 翻页两次。

第二步：使用 Selenium 实现模拟登录。

第三步：获取登录后的 Cookie，以 Session 保持连接的会话模式发送请求。

第四步：通过修改 URL 控制翻页。

第五步：下载并保存数据。

代码如下：

```python
import requests
def logonfilm():
    brs = webdriver.Chrome(executable_path = 'chromedriver.exe')
    brs.get('http://58921.com/alltime')
    brs.find_element_by_link_text('下页 >').click()           # 第一次翻页
    brs.find_element_by_link_text('下页 >').click()           # 第二次翻页
    sleep(1)
    brs.find_element_by_xpath('// * [@id = "user_login"]').send_keys('用户名')
    brs.find_element_by_xpath('// * [@id = "user_login_form_type_pass"]').send_keys('密码')
    brs.find_element_by_xpath('// * [@id = "user_login_form_type_submit"]').click()
                                                          # 单击登录
    sleep(2)
    cookies = brs.get_cookies()                           # 获取 Cookie
    for cookie in cookies:
        session.cookies.set(cookie['name'],cookie['value']) # 转换成对应格式
```

```
        sleep(1)
        brs.quit()
session = requests.Session()
logonfilm()
headers = {
        'User - Agent': 'Mozilla/5.0 (Windows NT 10.0; Win64; x64) AppleWebKit/537.36 (KHTML, like
Gecko) Chrome/86.0.4240.75 Safari/537.36' }
for i in range(5):                                    ♯获取翻页,只读取 5 页数据
        url = 'http://58921.com/alltime?page = ' + str(i)
        response = session.get(url, headers = headers)
        response.encoding = 'utf - 8'
        html = etree.HTML(response.text)
        title = html.xpath('//div[@class = "table - responsive"]//td[3]//a[1]/@title')
        print(title)
```

这里只写到获取电影的名称,其他信息读者自行通过 XPath 获取并保存。程序执行结果如图 7.6 所示。

['长津湖', '战狼2', '哪吒之魔童降世', '流浪地球', '复仇者联盟4：终局之战', '红海行动', '美人鱼', '唐人街探案2', '我和我的祖国', '我不是药神', '中国机长', '速度与激情8', '西虹市首富', '速度与激情7', '捉妖记', '复仇者联盟3：无限战争', '捉妖记2', '着着的铁拳', '疯狂的外星人', '海王']
['变形金刚4：绝迹重生', '前任3：再见前任', '毒液：致命守护者', '功夫瑜伽', '飞驰人生', '侏罗纪世界2', '寻龙诀', '烈火英雄', '西游伏妖篇', '港囧', '变形金刚5：最后的骑士', '少年的你', '疯狂动物城', '魔兽', '我和我的父辈', '复仇者联盟2：奥创纪元', '夏洛特烦恼', '速度与激情：特别行动', '芳华', '侏罗纪世界']
['蜘蛛侠：英雄远征', '头号玩家', '后来的我们', '一出好戏', '阿凡达', '摔跤吧！爸爸', '扫毒2天地对决', '人再囧途之泰囧', '无双', '西游降魔篇', '美国队长3：英雄内战', '碟中谍6：全面瓦解', '寻梦环游记', '西游记之孙悟空三打白骨精', '误杀', '加勒比海盗5：死无对证', '长城', '湄公河行动', '叶问4', '心花路放']
['金刚', '煎饼侠', '极限特工：终极回归', '澳门风云3', '生化危机6：终章', '攀登者', '变形金刚3', '西游记之大闹天宫', '巨齿鲨', '乘风破浪', '神偷奶爸3', '惊奇队长', '盗墓笔记', '功夫熊猫3', '狂暴巨兽', '奇幻森林', '澳门风云2', '西游记之大圣归来', '泰坦尼克号3D版']
['比悲伤更悲伤的故事', '哥斯拉2：怪兽之王', '老炮儿', '超时空同居', '绝地逃亡', '阿丽塔：战斗天使', '智取威虎山3D', '十二生肖', '智取威虎山', '碟中谍5：神秘国度', '银河补习班', '冰雪奇缘2', '星球大战：原力觉醒', '蚁人2：黄蜂女现身', '狮子王', '从你的全世界路过', '唐人街探案', '叶问3', 'X战警：天启', '反贪风暴4']

图 7.6　收集到的数据

7.4　Selenium 和 Requests 结合下载音乐

对于图片、音频、视频这些二进制格式的文件,不能使用 Selenium 爬取,所以只能使用 Requests。如果下载音乐时,指定某个歌手的音乐,然后去搜索对应的歌曲,这个过程既可以使用 Requests,也可以使用 Selenium。下面使用 Selenium 输入"歌手名"参数,Requests 下载音频。

7.4.1　单首音乐下载

下载音乐爬取的是二进制数据,因此只能使用 Requests。下载单首音乐,只需要对这个音乐的 URL 发送 GET 请求,对响应的内容 response.content 以.wb 格式保存为音频格式文件即可。

【例 7-5】　使用 Requests 下载一首歌曲,歌曲网址为 https://music.163.com/song/media/outer/url?id=569200213,下载目标如图 7.7 所示。

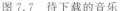

图 7.7　待下载的音乐

【解析】　操作步骤如下所示。

第一步：找到某个音频文件的 URL 地址。

第二步：对 URL 地址发送 GET 请求。

第三步：以后缀名为.wb 格式保存音频格式文件。

代码如下：

```
import requests
url = "http://music.163.com/song/media/outer/url?id = 569200213.mp3"    #单首歌曲地址
headers = {
    'user - agent': 'Mozilla/5.0 (Windows NT 10.0; Win64; x64) AppleWebKit/537.36 (KHTML, like
Gecko) Chrome/86.0.4240.75 Safari/537.36'}
response = requests.get(url = url, headers = headers)                    # 使用 Requests
with open('1.mp3','wb') as fp:                                           # 以.wb 格式保存
    fp.write(response.content)
    print('下载完成')
```

7.4.2 多首音乐下载

根据例 7-5 可知，只要有了歌曲的 URL，就可以下载该首歌曲。这些歌曲通常在服务器的一个文件夹下，对应着不同的歌曲 ID。例如"https://music.163.com/song/media/outer /url? id=569200213"，如果修改不同的 ID，就对应着不同首歌曲。现在如果能获取该网站上歌曲的多个 ID，就可以循环调用例 7-5 代码下载多首歌曲。

【例 7-6】 在 https://music.163.com/下载自己喜欢的歌手音乐，如图 7.8 所示，使用 Selenium 输入歌手名，解析页面获取该歌手的所有歌曲 ID 和歌曲名，使用 Requests 下载每首歌曲。

图 7.8　爬取目标首页

1. Selenium 获取歌曲 ID 和歌曲名

【解析】 在 https://music.163.com/输入歌手名，例如"毛不易"，打开新的页面，如图 7.9 所示。尝试去掉 URL 中"type=1"还是这个页面，也即有效地址是字符串"type=1"前面部分，因此实现搜索歌手名的方法有两种。

（1）输入歌手名，把歌手名链接到 URL 地址中作为请求地址，代码实现如下：

```
singername = input('请输入一个歌手名字')
url = "https://music.163.com/#/search/m/?s = " + singername
brs.get(url)
```

（2）在页面上通过 Selenium 定位到搜索"输入框"，如图 7.8 所示，通过 sendkey() 发送歌手名字并模拟单击搜索按钮，打开歌曲页面。

```
brs.find_element_by_xpath('//*[@id = "srch"]').send_key('歌手名')
brs.find_element_by_xpath('//*[@id = "g_search"]').click()
```

获取页面上每首歌曲的 ID，可以通过 Selenium，也可以使用 Requests。这里采用

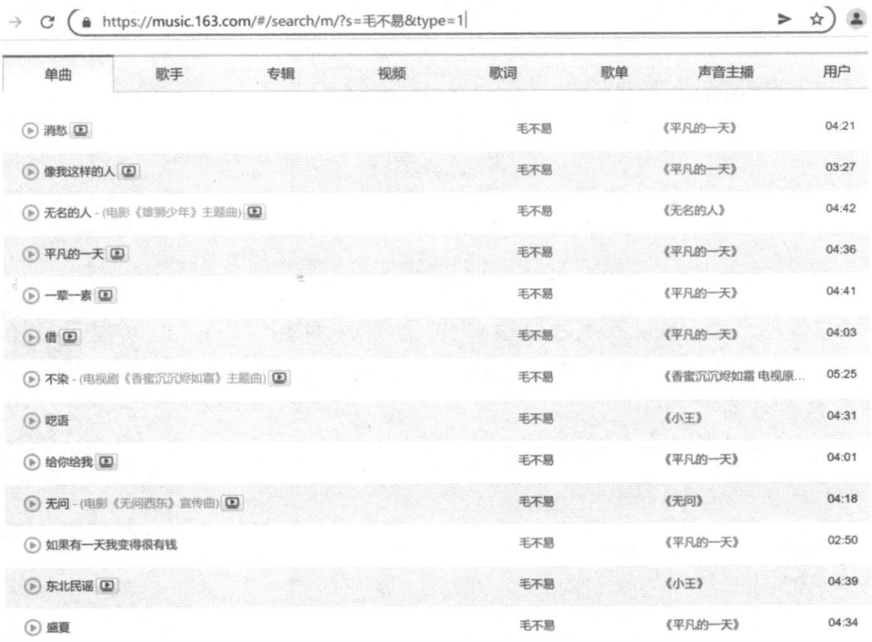

图 7.9　搜索打开的页面

Selenium 到源码里去查找并解析出每首歌曲的 ID,查找方法前面章节已有介绍,如图 7.10 所示。

图 7.10　查看歌曲的 ID

代码如下:

```
from lxml import etree
import re
brs = webdriver.Chrome(executable_path = 'chromedriver.exe')
singername = input('请输入一个歌手名字')
url = "https://music.163.com/＃/search/m/?s = " + singername
brs.get(url)
sleep(1)
brs.switch_to.frame("g_iframe")                          ＃切换到所在的框架上
html = etree.HTML(brs.page_source)
songlist = html.xpath('//div[@class = "sn"]/div[@class = "text"]/a[1]/@href')  ＃获得歌
                                                                              ＃曲 ID
songnamelist = html.xpath('//div[@class = "text"]//b/text()')   ＃获得歌曲名
```

```
print(songlist,songnamelist)
brs.quit()
```

程序执行结果如图 7.11 所示。

请输入一个歌手名字毛不易
['/song?id=569200213', '/song?id=569213220', '/song?id=1903149553', '/song?id=569214247', '/song?id=569200212', '/song?id=569214250', '/song?id=536099160', '/song?id=1417862046', '/song?id=569200210', '/song?id=525278524', '/song?id=569214252', '/song?id=1411558182', '/song?id=569212211', '/song?id=1417849873', '/song?id=1449782341', '/song?id=1407214788', '/song?id=1383923446', '/song?id=1860567964', '/song?id=569212210', '/song?id=1334270281'] ['消愁', '像我这样的人', '无名的人', '平凡的一天', '一掌一素', '借', '不染', '呓语', '给你给我', '无问', '如果有一天我变得很有钱', '东北民谣', '盛夏', '一程山路', '入海', '二零三', '17', '生活在别处的你 Another me', '想你想你', '别再闹了']

图 7.11　下载到的歌曲 ID 和歌曲名

需要补充说明的是，如果歌手歌曲很多，需要翻页，使用 Selenium 实现翻页操作。其次爬取歌曲 ID 和歌曲名，也可以使用 Requests 来实现，读者自行完成。

2. 下载多首歌曲

通过上一步，得到了每个歌曲 ID，把这个 ID 放入歌曲 URL，实现不同歌曲的下载。代码如下：

```
from selenium import webdriver
from time import sleep
from lxml import etree
import re
# 监测的规避
from selenium.webdriver import ChromeOptions
option = ChromeOptions()
option.add_experimental_option('excludeSwitches',['enable-automation'])
brs = webdriver.Chrome(executable_path = 'chromedriver.exe',options = option)
singername = input('请输入一个歌手名字')
url = "https://music.163.com/#/search/m/?s = " + singername
brs.get(url)
brs.switch_to.frame("g_iframe")
html = etree.HTML(brs.page_source)
songlist = html.xpath('//div[@class = "sn"]/div[@class = "text"]/a[1]/@href')
songnamelist = html.xpath('//div[@class = "text"]//b/text()')

url = "https://music.163.com/song/media/outer/url?id = "
headers = {
    'user-agent': 'Mozilla/5.0 (Windows NT 10.0; Win64; x64) AppleWebKit/537.36 (KHTML, like Gecko) Chrome/86.0.4240.75 Safari/537.36'}
for i in range(len(songlist)):
    songid = re.findall(r'\d + ',songlist[i])
    urlsong = url + songid[0]
    response = requests.get(url = urlsong, headers = headers)
    with open(songnamelist[i] + '.mp3','wb') as fp:
        fp.write(response.content)
        print(songnamelist[i] + songid[0] + '下载完成')
sleep(2)
brs.quit()
```

程序执行的结果如图 7.12 和图 7.13 所示。

请输入一个歌手名字毛不易
消愁569200213　下载完成
像我这样的人569213220　下载完成
无名的人1903149553　下载完成
平凡的一天569214247　下载完成
一辈一素569200212　下载完成
借569214250　下载完成
不染536099160　下载完成
呓语1417862046　下载完成
给你给我569200210　下载完成
无问525278524　下载完成
如果有一天我变得很有钱569214252　下载完成
东北民谣1411558182　下载完成
盛夏569212211　下载完成
一程山路1417849873　下载完成
入海1449782341　下载完成
二零三1407214788　下载完成
171383923446　下载完成
感觉自己是巨星524913480　下载完成
生活在别处的你 Another me1860567964　下载完成
别再闹了1334270281　下载完成

图 7.12　程序执行结果

图 7.13　下载在本地的歌曲

第 8 章

异 步 爬 虫

8.1 基本概念

进程是程序的一次执行过程,是系统进行调度和资源分配的一个独立单位。当一个程序开始运行时,系统就为它创建一个进程,并为该进程分配内存、CPU 和其他系统资源。当程序运行结束时,系统回收进程所占用的资源,为该程序所建立的进程也就消亡了。进程是计算机中的程序关于某数据集合上的一次运行活动,是系统进行资源分配和调度的基本单位,是操作系统结构的基础。

线程是比进程更小的一个单位,一个进程可以包含多个线程。进程是系统进行资源分配(如内存、文件等)和调度(如分配 CPU)的对象。而引入线程之后,进程只作为资源分配的对象,而线程是 CPU 调度的对象,进程获得的系统资源可以为它包含的各线程共享。由于线程在资源分配方面比较简单,所以在 CPU 调度上开销小,效率高。与进程相比,在不增加系统负担的前提下,容许在系统中建立更多的线程来提高并发程度。所以人们称线程是"轻量级的进程"。对于一个多线程进程,相当于多个"小程序"同时完成一个进程的工作,进程的工作效率自然会大大提高。

协程是基于同一个线程的,即协程是单线程的。与以往的多线程解决方案不同的是,多线程通常是多个线程运行多个任务,每个任务都是阻塞式,即该线程中的任务执行完成后,才能继续执行下一个进程。协程在一个线程中维护一个事件循环,协程中执行的事件均为非阻塞的,即一个事件执行后立即接着执行下一个事件,事件循环会轮询检查各事件是否执行完成,完成的获得返回值或执行回调函数。多线程方案通常存在资源锁及抢占问题,在多个线程同时访问资源产生;而协程为同一个线程,在不同的时间进行访问,只需要梳理清楚执行流程,即可以同步方式编写异步程序。

进程同步是指多个相关进程在执行次序上的协调,这些进程相互合作,在一些关键点上需要相互等待或相互通信。通过临界区可以协调进程间相互合作的关系,这就是进程同步。

异步是指各个任务交叉执行,一个任务执行时,不等待结果,继续下一个任务,这种编程方式叫异步编程。异步爬虫通常使用在下载需要时间较长的程序,例如下载图片、音频、视频等这些较大的文件。

8.2 串行下载多个视频

爬取视频、图片、音频等媒体文件是一样的，对视频的 URL 发送 GET 请求，对 response.content 采用后缀名为.wb 格式保存视频格式即可实现下载操作。

对给定网站上 3 个视频采用串行方式下载，下载过程：顺序对三条视频的 URL 发送请求，也即爬取完第一个视频，爬取第二个视频，爬取完第二个视频，爬取第三个视频这一过程。

【例 8-1】 串行下载所给 URL 的 3 个视频。

```python
import requests
import time
start = time.time()
headers = {
    'user - agent': 'Mozilla/5.0 (Windows NT 10.0; Win64; x64) AppleWebKit/537.36 (KHTML, like
Gecko) Chrome/86.0.4240.111 Safari/537.36'}
urllist = ["https://vkceyugu.cdn.bspapp.com/VKCEYUGU - learning - vue/5da98c30 - aece - 11ea -
b244 - a9f5e5565f30.mp4", " https://vkceyugu.cdn.bspapp.com/VKCEYUGU - learning - vue/
7e3b8f70 - aece - 11ea - 8ff1 - d5dcf8779628.mp4", "https://vkceyugu.cdn.bspapp.com/VKCEYUGU
 - learning - vue/79db90b0 - aece - 11ea - 8a36 - ebb87efcf8c0.mp4" ]
for url in urllist:        #顺序爬取所给的 urllist 的三个视频
    response = requests.get(url = url, headers = headers)
    with open('1.mp4','wb')as fp:
        fp.write(response.content)
        print('下载完成')
end = time.time()
print(end - start)
```

程序下载完 3 个视频，所耗时间如图 8.1 所示。

```
下载完成
下载完成
下载完成
7.767797470092773
```

图 8.1 顺序下载 3 个视频所耗时间

8.3 使用线程池下载多个视频

单进程爬虫速度很慢，只能一个一个页面爬取，而对于一些任务量比较大、IO 操作频繁的爬虫，可以采用并发来实现。一般并发的手段有多进程和多线程。但线程比进程更轻量化，系统开销一般也更低，所以常用多线程的方式处理并发情况。

Python 提供了两种多线程的方法，分别是 multiprocessing.dummy 和 threading。multiprocessing.dummy 和 threading 的功能一样，都是多线程，都便于在多进程与多线程间切换。

（1）from multiprocessing import Pool 适用于多进程场景 CPU 密集程序。

（2）from multiprocessing.dummy import Pool as ThreadPool 适用多线程场景 IO 密

集程序。

8.3.1　Multiprocessing

Multiprocessing 提供了多进程方法和多线程方法，分别是 multiprocessing 和 multiprocessing. dummy，这里只讲解多线程，注意要用到的核心语句如下：

（1）导入线程池 from multiprocessing. dummy import Pool。

（2）实例化一个线程池对象 pool＝Pool(N)，N 为开辟的线程数。

（3）使用 map 方法自动完成线程池参数对应关系 pool. map(getpage, urllist) ♯getpage 为单任务爬虫函数，urllist 为待爬取的任务表列。

【例 8-2】　使用 multiprocessing. dummy 多线程模块下载图 8.2 所给的 3 个视频的视频列表。

```
import requests
import time
from multiprocessing.dummy import Pool      ♯导入线程池
start = time.time()
headers = {
    'user－agent': 'Mozilla/5.0 (Windows NT 10.0; Win64; x64) AppleWebKit/537.36 (KHTML, like
Gecko) Chrome/86.0.4240.111 Safari/537.36'}
def getpage(url):                            ♯定义一个爬取函数
    response = requests.get(url = url, headers = headers)
    with open(url[－10:－5] + '.mp4','wb')as fp:
        fp.write(response.content)
        print('下载完成')
pool = Pool(3)                               ♯实例化一个线程池对象,开辟 3 个线程
♯使用 map 方法自动完成线程池参数对应关系
urllist = ["https://vkceyugu.cdn.bspapp.com/VKCEYUGU－learning－vue/5da98c30－aece－11ea－
b244－a9f5e5565f30.mp4","https://vkceyugu.cdn.bspapp.com/VKCEYUGU－learning－vue/7e3b8f70－
aece－11ea－8ff1－d5dcf8779628.mp4", "https://vkceyugu.cdn.bspapp.com/VKCEYUGU－learning－vue/
79db90b0－aece－11ea－8a36－ebb87efcf8c0.mp4" ]
pool.map(getpage,urllist)  ♯第一个参数为单任务爬虫函数,第二个参数为爬取的任务表列
end = time.time()
print(end－start)
```

程序执行的结果如图 8.2 所示，根据结果可知，爬取速度比顺序爬取快很多。

下载完成
下载完成
下载完成
6.145386457443237

图 8.2　multiprocessing. dummy 下载 3 个视频所耗时间

8.3.2　Threading

Threading 模块中最核心的内容是 Thread 类。创建 Thread 对象，每个 Thread 对象代表一个线程，在每个线程中可以让程序处理不同的任务，即为多线程编程。

创建多线程的方法：直接创建 Thread，将一个 callable 对象从类的构造器传递进去，这个 callable 就是回调函数，用来处理任务。也可以编写一个自定义类继承 Thread，然后复写

run()方法,在 run()方法中编写任务处理代码,然后创建这个 Thread 的子类。

threading. Thread(group = None, target = None, name = None, args = (), kwargs = {}, * , daemon = None)

Thread 的构造方法中,最重要的参数是 target,所以需要将一个 callable 对象赋值给它,线程才能正常运行。如果要让一个 Thread 对象启动,调用它的 start()方法就好了。

Thread 的生命周期:创建对象时,代表 Thread 内部被初始化;调用 start()方法后,thread 会开始运行;thread 代码正常运行结束或是遇到异常,线程会终止。

【例 8-3】　使用 Threading 多线程模块下载多个视频。

```
import threading
def getpage(url):                      ＃定义一个爬取函数
    response = requests. get(url = url, headers = headers)
    with open(url[ - 10 : - 5] + '.mp4','wb')as fp:
        fp. write(response. content)
        print(url[ - 10 : - 5],'下载完成')
def multi_thread(urllist):             ＃创建多线程
    listname = [ ]                     ＃存放线程列表
    for i in range(len(urllist)):      ＃创建线程,注意:target 参数是函数名,不能带括号
        listname. append(threading. Thread(target = getpage, args = (urllist[i],)))
    for task in listname:              ＃启动线程
        task. start()
headers = {
'user - agent': 'Mozilla/5.0 (Windows NT 10.0; Win64; x64) AppleWebKit/537.36 (KHTML, like
Gecko)Chrome/86.0.4240.111 Safari/537.36' }
urllist = ["https://vkceyugu. cdn. bspapp. com/VKCEYUGU - learning - vue/5da98c30 - aece - 11ea -
b244 - a9f5e5565f30. mp4","https://vkceyugu. cdn. bspapp. com/VKCEYUGU - learning - vue/7e3b8f70 -
aece - 11ea - 8ff1 - d5dcf8779628. mp4", "https://vkceyugu. cdn. bspapp. com/VKCEYUGU - learning -
vue/79db90b0 - aece - 11ea - 8a36 - ebb87efcf8c0. mp4" ]
multi_thread(urllist)
```

补充说明,threading. Thread 第一个参数是线程函数变量,第二个参数 args 是一个数组变量参数,如果只传递一个值,就只需要 i,如果需要传递多个参数,那么还可以继续传递其他的参数,其中的逗号不能少,元组中只包含一个元素时,需要在元素后面添加逗号。

8.4　使用协程下载多个视频

多线程的缺点是对线程进行管理需要额外的 CPU 开销;线程的使用会给系统带来上下文切换的额外负担。

协程又称微线程,在单线程上执行多个任务,用函数切换,开销极小。它不通过操作系统调度,没有进程、线程的切换开销。多线程请求返回是无序的,哪个线程有数据返回就处理哪个线程,而协程返回的数据是有序的。

使用协程的主要目的是遇到 I/O 请求时,如 I/O 键盘、鼠标等机械设备速度慢、以及数据下载,在利用 I/O 等待的时间期间内切换到其他的代码段继续执行。在爬虫的时候,当下载比较大的资源文件时,耗费的时间比较多,此时切换到其他的代码段去执行。

Python 的协程解决方案是在 3.6 版本后逐步引入的,使用 asyncio 执行普通函数,需要

先将普通函数封装为 future 对象，然后将这些 future 对象传给 asyncio.gather 统一执行，并返回结果。HTTP 爬虫就是较为常见的场景，例如需要获取某链接列表中的所有 URL 内容，假设列表中有 5 个请求链接：同步模式下，即在循环中使用 GET 请求依次下载列表中的所有 URL 内容并将其结果放入结果列表中，如此，需要的总时间大约为内容传输以及网络延迟时间的 5 倍；异步模式下，asyncio 将一次性发送 5 个 GET 请求并等待远端返回，在远端全部返回结果后结束并一次性返回所有结果，需要的总时间大约为所有 GET 请求中最慢的一个请求时间。下面讲解 Python 3.7 版本下使用 asyncio.run() 协程来实现下载视频数据。

【例 8-4】 函数之间顺序执行并查看执行结果。

```python
import time
start = time.time()                    # 记录开始时间点
def fun1():
    print('1')
    time.sleep(2)
    print('2')
def fun2():
    print('3')
    time.sleep(2)
    print('4')
fun1()
fun2()
end = time.time()                      # 记录结束时间点
print(end - start)
```

程序运行结果如图 8.3 所示。

```
1
2
3
4
4.028607368469238
```

图 8.3　顺序执行结果

【例 8-5】 使用协程实现函数之间异步执行，并查看执行结果。

```python
import time
import nest_asyncio                    # 如果不执行，需要 pip install nest_asyncio
import asyncio
nest_asyncio.apply()
start = time.time()                    # 记录开始时间
async def fun1():                      # 创建一个协程函数，返回一个协程对象
    print('1')
    """这里是等待，如果遇到其他需要等待的操作，如 I/O，文件下载等，自动跳转到其他协程函数"""
    await asyncio.sleep(2)
    print('2')
async def fun2():
    print('3')
    await asyncio.sleep(2)
```

```
        print('4')
tasks = [ asyncio. ensure_future(fun1()),
asyncio. ensure_future(fun2())]        #多任务列表
asyncio. run(asyncio. wait(tasks))     #要求 Python 3.7 以上版本
end = time. time()
print(end - start)
```

程序运行结果如图 8.4 所示。

```
1
3
2
4
2.0019171237945557
```

图 8.4　协程异步执行

【例 8-6】　使用协程方式下载多个视频。

```
import nest_asyncio
import requests
import asyncio
nest_asyncio. apply()
import time
headers = {
    'user - agent': 'Mozilla/5.0 (Windows NT 10.0; Win64; x64) AppleWebKit/537.36 (KHTML, like
Gecko) Chrome/86.0.4240.111 Safari/537.36'}
async def getpage(url):                        #async 定义一个协程函数,返回一个协程对象
    response = requests. get(url = url, headers = headers)   #使用 session 方式发送请求速度更
                                                            #快一些
    with open(url[ - 10: - 5] + '. mp4', 'wb')as fp:
        fp. write(response. content)
        print('下载完成')
start = time. time()
urllist = ["https://vkceyugu. cdn. bspapp. com/VKCEYUGU - learning - vue/5da98c30 - aece - 11ea -
b244 - a9f5e5565f30. mp4", "https://vkceyugu. cdn. bspapp. com/VKCEYUGU - learning - vue/7e3b8f70
- aece - 11ea - 8ff1 - d5dcf8779628. mp4", "https://vkceyugu. cdn. bspapp. com/VKCEYUGU - learning -
vue/79db90b0 - aece - 11ea - 8a36 - ebb87efcf8c0. mp4" ]
tasks = []                              #创建任务列表:存放多个任务对象
for url in urllist:
    coroutine = getpage(url)            #调用协程函数,返回一个协程对象
    task = asyncio. ensure_future(coroutine)      #启动协程对象,追加到任务列表中
    tasks. append(task)
asyncio. run(asyncio. wait(tasks))
end = time. time()
print(end - start)
```

程序运行结果如图 8.5 所示。

```
下载完成
下载完成
下载完成
7.7543981075286865
```

图 8.5　使用协程下载视频结果

第9章

正则表达式

正则表达式,又称正规表示式、正规表示法、正规表达式、规则表达式、常规表示法(英语:Regular Expression,在代码中常简写为 regex、regexp 或 RE),是计算机科学的一个概念。正则表达式使用单个字符串来描述、匹配一系列匹配某个句法规则的字符串。在很多文本编辑器里,正则表达式通常被用来检索、替换那些匹配某个模式的文本。

9.1 正则函数

9.1.1 re.match 函数

re.match(pattern,string,flags=0),re.match 尝试从字符串的起始位置匹配一个模式,匹配成功 re.match 方法返回一个匹配的对象,否则返回 None。参数说明如表 9.1 所示。

表 9.1 re.match 函数参数说明

参数名	说　明
pattern	匹配的正则表达式
string	要匹配的字符串
flags	标志位,用于控制正则表达式的匹配方式,如:是否区分大小写,多行匹配等

【例 9-1】 match 函数的基本使用方法,不同方法的说明如表 9.2 所示。

```
import re
m = re.match('www', 'www.baidu.com')
print(m.group())
print(m.start())
print(m.end())
print(m.span())
```

表 9.2 不同方法说明

方法名	说　明
group()	以 str 形式返回对象中 match 的元素
start()	返回开始位置
end()	返回结束位置
span()	以 tuple 形式返回范围

flags 参数可选,表示匹配模式,如忽略大小写、多行模式等,具体参数为表 9.3 所示。

表 9.3 flags 匹配模式

符号	规 则
re.I	忽略大小写
re.L	做本地化识别匹配
re.M	多行模式
re.S	即为.并且包括换行符在内的任意字符(.不包括换行符
re.U	根据 Unicode 字符集解析字符
re.X	增加可读性,忽略空格和♯后面的注释

9.1.2 re.search 函数

re.search(pattern,string,flags=0),re.match 只匹配字符串的开始,如果字符串开始不符合正则表达式,则匹配失败,函数返回 None;re.search 扫描整个字符串,直到找到一个匹配。参数和 match 函数相同。

【例 9-2】 search 函数匹配失败案例。

```
import re
line = "Python is a computer language"
matchObj = re.match( r'computer', line, re.M|re.I) ♯ match
if matchObj:
    print ("match --> matchObj.group() : ", matchObj.group())
else:
    print ("No match!!")
```

程序执行的结果如下:

```
No match!!
```

【例 9-3】 search 函数匹配成案例。

```
import re
line = "Python is a computer language"
matchObj = re.search( r'computer', line, re.M|re.I) ♯ search
if matchObj:
    print ("search --> searchObj.group() : ", matchObj.group())
else:
    print ("No match!!")
```

程序执行的结果如下:

```
search --> searchObj.group() :  computer
```

9.1.3 re.sub 函数

re.sub(pattern,repl,string,count=0,flags=0),re.sub 用于替换字符串中的匹配项,参数说明如表 9.4 所示。

表 9.4 参数说明

参数名称	说　　明
pattern	正则中的模式字符串
repl	替换的字符串，也可为一个函数
string	要被查找替换的原始字符串
count	模式匹配后替换的最大次数，默认 0 表示替换所有的匹配

【例 9-4】 sub 函数的基本使用方法。

```
import re
phone = "010 - 77771777                    # 一个电话号码"
num = re.sub(r'#.*$', "", phone)            # 删除字符串中的 Python 注释
print ("电话号码是: ", num)
num = re.sub(r'\D', "", phone)              # 删除非数字(-)的字符串
print ("电话号码是 : ", num)
```

程序执行的结果如下：

```
电话号码是: 010 - 77771777
电话号码是: 01077771777
```

9.1.4　re.compile 函数

re.compile(pattern[，flags])，compile 函数用于编译正则表达式，生成一个正则表达式(Pattern)对象，供 match() 和 search() 这两个函数使用。

pattern 和 flags 和前面所讲到的同名参数是一样的。

【例 9-5】 compile 函数的基本使用方法。

```
import re
pattern = re.compile(r'\d+')               # 用于匹配至少一个数字
m = pattern.match('Today is 20211230')     # 查找头部,没有匹配
print(m)
m = pattern.match('Today is 20211230', 9, 15)   # 从 9 - 15 的位置开始匹配,没有匹配
print(m)
```

程序执行结果如下：

```
None
< re.Match object; span = (9, 15), match = '202112'>
```

【例 9-6】 compile 生成 pattern。

```
import re
pattern = re.compile(r'([a-z]+) ([a-z]+)', re.I)   # re.I 表示忽略大小写
m = pattern.match('Hello World Wide Web')
print( m )                                          # 匹配成功,返回一个 match 对象
```

程序执行的结果如下：

```
< re.Match object; span = (0, 11), match = 'Hello World'>
```

9.1.5　re. findall 函数

findall(string[，pos[，endpos]])，在字符串中找到正则表达式所匹配的所有子串，并返回一个列表，如果有多个匹配模式，则返回元组列表，如果没有找到匹配的，则返回空列表。

【注意】　match 和 search 是匹配一次，findall 匹配所有，如表 9.5 所示。

表 9.5　参数说明

参数	说　　明
string	待匹配的字符串
pos	可选参数，指定字符串的起始位置，默认为 0
endpos	可选参数，指定字符串的结束位置，默认为字符串的长度

【例 9-7】　findall 函数的基本使用方法。

```
import re
pattern = re.compile(r'\d + ')              # 查找数字
result1 = pattern.findall('')
result2 = pattern.findall('Mid Autumn Festival 815, Lantern Festival 115')
print(result1)
print(result2)
```

程序执行结果如下：

```
[]
['815', '115']
```

9.1.6　re. finditer 函数

re. finditer(pattern，string，flags＝0)，和 findall 类似，在字符串中找到正则表达式所匹配的所有子串，并把它们作为一个迭代器返回。参数和前面同名参数功能一样。

【例 9-8】　finditer 函数的基本使用方法。

```
import re
it = re.finditer(r"\d + ","Mid Autumn Festival 815, Lantern Festival 115")
for match in it:
    print (match.group() )
```

程序执行的结果如下：

```
815
115
```

9.1.7　re. split 函数

re. split(pattern，string[，maxsplit＝0，flags＝0])，split()方法按照能够匹配的字串将字符串分隔后返回列表。maxsplit 分隔次数，maxsplit＝1 分隔一次，默认为 0，不限制次数。其他参数和前面同名参数功能相同。

【例 9-9】 split 函数的基本使用方法。

```
import re
m1 = re.split('\W + ', 'runoob, runoob, runoob.')  # 以非英文字母为间隔切分
print(m1)
```

程序执行的结果如下：

```
['runoob', 'runoob', 'runoob', '']
```

9.2 正则表达式模式及实例

模式字符串使用特殊的语法来表示一个正则表达式，如表 9.6～表 9.8 所示。

表 9.6 正则表达式模式

符　号	说　明
^	匹配字符串的开头
$	匹配字符串的末尾
.	匹配任意字符，除了换行符。当 re.DOTALL 标记被指定时，则可以匹配包括换行符的任意字符
[...]	用来表示一组字符，单独列出：[amk]匹配'a','m'或'k'
[^...]	不在[]中的字符：[^abc]匹配除了 a,b,c 以外的字符
re *	匹配 0 个或多个的表达式
re＋	匹配 1 个或多个的表达式
re?	匹配 0 个或 1 个由前面的正则表达式定义的片段，非贪婪方式
re{n}	精确匹配 n 个前面表达式 例如 o{2}不能匹配"Bob"中的"o"，但是能匹配"food"中的两个 o
re{n,}	匹配 n 个前面表达式 例如 o{2,}不能匹配"Bob"中的"o"，但能匹配"foooood"中的所有 o
re{n,m}	匹配 n 到 m 次由前面的正则表达式定义的片段，贪婪方式
a|b	匹配 a 或 b
(re)	对正则表达式分组并记住匹配的文本
(?imx)	正则表达式包含三种可选标志 i,m 或 x。只影响括号中的区域
(?-imx)	正则表达式关闭 i,m 或 x 可选标志。只影响括号中的区域
(?: re)	类似(...)，但是不表示一个组
(?imx: re)	在括号中使用 i,m 或 x 可选标志
(?-imx: re)	在括号中不使用 i,m 或 x 可选标志
(?♯...)	注释
(?＝re)	前向肯定界定符。如果所含正则表达式，以...表示，在当前位置成功匹配时成功，否则失败；但一旦所含表达式已经尝试，匹配引擎根本没有提高；模式的剩余部分还要尝试界定符的右边
(?!re)	前向否定界定符。与肯定界定符相反；当所含表达式不能在字符串当前位置匹配时成功
(?＞re)	匹配的独立模式，省去回溯
\w	匹配字母数字及下划线

符　号	说　明
\W	匹配非字母数字及下划线
\s	匹配任意空白字符,等价于[\t\n\r\f]
\S	匹配任意非空字符
\d	匹配任意数字,等价于[0-9]
\D	匹配任意非数字
\A	匹配字符串开始
\Z	匹配字符串结束,如果是存在换行,只匹配到换行前的结束字符串
\z	匹配字符串结束
\G	匹配最后匹配完成的位置
\b	匹配一个单词边界,也就是指单词和空格间的位置。例如'er\b'可以匹配"never"中的'er',但不能匹配"verb"中的'er'
\B	匹配非单词边界。例如'er\B'能匹配"verb"中的'er',但不能匹配"never"中的'er'
\n,\t,等	匹配一个换行符。匹配一个制表符
\1...\9	匹配第 n 个分组内容
\10	匹配第 n 个分组内容,如果它经匹配,否则指的是八进制字符码的表达式

9.3　正则表达式实例

表 9.7　正则表达式实例(1)

字符类实例	描　述
Python	匹配"Python"
[Pp]ython	匹配"Python"或"python"
rub[ye]	匹配"ruby"或"rube"
[aeiou]	匹配中括号内的任意一个字母
[0-9]	匹配任何数字。类似于[0123456789]
[a-z]	匹配任何小写字母
[A-Z]	匹配任何大写字母
[a-zA-Z0-9]	匹配任何字母及数字
[^aeiou]	除了 aeiou 字母以外的所有字符
[^0-9]	匹配除了数字外的字符

表 9.8　正则表达式实例(2)

特殊字符类实例	描　述
.	匹配除"\n"之外的任何单个字符。要匹配包括'\n'在内的任何字符,请使用'[.\n]'的模式
\d	匹配一个数字字符。等价于[0-9]
\D	匹配一个非数字字符。等价于[^0-9]
\s	匹配任何空白字符,包括空格、制表符、换页符等。等价于[\f\n\r\t\v]

特殊字符类实例	描　　述
\S	匹配任何非空白字符。等价于[^\f\n\r\t\v]
\w	匹配包括下划线的任何单词字符。等价于'[A-Za-z0-9_]'
\W	匹配任何非单词字符。等价于'[^A-Za-z0-9_]'

9.3.1　匹配字符串

匹配某些特定的数据，从庞大的文字信息中提取出一小段需要的数据。

【例 9-10】　请写出一个正则表达式能匹配表中所有的 2021 数据，如表 9.9 所示。

表 9.9　匹配所有的 2021 数据

需要匹配	不能匹配
2001-2021 年	2023
2021 冬季奥运会	2008 奥运会

【答案】　匹配的正则表达式 pattern＝'2021'。

9.3.2　匹配字符组

[Pp]既可以匹配大写的 P 也可以匹配小写的 p。

【例 9-11】　请写出一个正则表达式能匹配表中需要匹配的字符串，如表 9.10 所示。

表 9.10　匹配 Java 和 java

需要匹配	不能匹配
Java8.0	java
java8.0	JAVA

【答案】　匹配的正则表达式 pattern＝'[Jj]ava'。

9.3.3　区间匹配

正则表达式引擎在字符组中使用连字符"-"代表区间，依照这个规则，可以总结出三点：

（1）匹配任意数字可以使用[0-9]；

（2）匹配所有小写字母，可以写成[a-z]；

（3）匹配所有大写字母可以写成[A-Z]。

【例 9-12】　请写出一个正则表达式能匹配表中需要匹配的字符串，如表 9.11 所示。

表 9.11　匹配指定的字符串

需要匹配	不能匹配
Abcefg	+_) * $ %
0123987654	<>?：''{}
XYZ	? ><. >()

【答案】　匹配的正则表达式 pattern＝'[a-z0-9A-Z]'。

9.3.4　特殊字符匹配

"-"号代表了区间,"[]""()"这些符号都被征用,如果让这些符号表示实际的意义,就在前面加上"\",实现对这些被征用的特殊符号进行转义。

9.3.5　取反

通过在字符数组开头添加"^"字符,实现取反操作,从而实现匹配任何指定字符之外的所有字符。

【例 9-13】 请写出一个正则表达式能匹配表中"等"后面不包含"你"的数据,如表 9.12 所示。

表 9.12　匹配"等"后面不包含"你"的数据

需要匹配	不能匹配
等等	我等你
等我	她们等你
等谁?	别等你

【答案】 匹配的正则表达式 pattern＝'等[^你] * '。

9.3.6　快捷匹配数字和字符

正则表达式提供了一些快捷方式:
(1) "\w"可以与任意单词字符匹配,包括:[A-Z]、[a-z]、[0-9]。
(2) 如果想要匹配任意数字,也可以使用快捷方式"\d",d 即 digit 数字的意思,等价于[0-9]。

【例 9-14】 请写出一个正则表达式能匹配表中下面字符串,如表 9.13 所示。

表 9.13　匹配下面单词

需要匹配	不能匹配
Python	/ * -
12567	$ ♯ $ %
TC2.0	-+

【答案】 匹配的正则表达式 pattern＝'\w * '。

9.3.7　匹配空白字符

快捷方式"\s"可以匹配空白字符,比如空格、Tab、换行等。

9.3.8　单词边界

"\b"匹配的是单词的边界。

【例 9-15】 请写出一个正则表达式能匹配表中下面单词,如表 9.14 所示。

表 9.14　匹配下面单词

需要匹配	不能匹配
Python	Pythonlanguage
Python-3.7	Pythonprogram
Python，C	CPython

【答案】　匹配的正则表达式 pattern＝'\bPython\b'。

9.3.9　快捷方式取反

"\w"表示[A-Z]、[a-z]、[0-9]、_，那么"\W"表示匹配非这些数据。

"\d"表示数字，那么"\D"表示匹配非数字。

9.3.10　开始和结束

正则表达式中"^"指定的是一个字符串的开始，"＄"指定的是一个字符串的结束。

【例 9-16】　请写出一个正则表达式能匹配表中以 OS 结尾的字符串，如表 9.15 所示。

表 9.15　以 OS 结尾的字符串

需要匹配	不能匹配
windowsOS	OSopen
LinuxOS	windowsos
AppleOS	OSx

【答案】　匹配的正则表达式 pattern＝'OS＄'。

9.3.11　匹配任意字符

"."字符代表匹配任何单个字符，不包括换行符"\n"，只能出现在方括号以外。

【例 9-17】　请写出一个正则表达式能匹配表中任意字母之后是"er"的字符串，如表 9.16 所示。

表 9.16　匹配任意字母之后是 er 的字符串

需要匹配	不能匹配
letter	bar
butter	cup
beer	bus

【答案】　匹配的正则表达式 pattern＝'.er'。

9.3.12　可选字符

"?"号用来指定一个字符、字符组或其他基本单元可选，意味着正则表达式引擎将会期望该字符出现零次或一次。

【例 9-18】　请写出一个正则表达式能匹配表中下面单词，如表 9.17 所示。

表 9.17 匹配单词

需要匹配	不能匹配
favorite	favo
favourite	favouite

【答案】 匹配的正则表达式 pattern＝'favou?rite'。

9.3.13 重复

在一个字符组后加上"{N}"就表示匹配在它之前的字符组需要出现 N 次。

【例 9-19】 请写出一个正则表达式能匹配表中所有电话号码,如表 9.18 所示。

表 9.18 匹配所有电话号码

需要匹配	不能匹配
010-88488	010-010
021-11234	0-12345

【答案】 匹配的正则表达式 pattern＝'\d{3}-\d{5}'。

9.3.14 重复区间

不知道要匹配字符组具体重复的次数,比如身份证有 15 位、18 位,可以采用重复区间方式。

{M,N},M 是下界而 N 是上界。

【例 9-20】 请写出一个正则表达式能匹配表中以 3 个或者 4 个数字开头,后面 7 个数字电话号码,如表 9.19 所示。

表 9.19 以 3 个或者 4 个数字开头,后面 7 个数字电话号码

需要匹配	不能匹配
020-6581333	010-010
0733-6745632	0-12345

【答案】 匹配的正则表达式 pattern＝'\d{3,4}-\d{7}'。

9.3.15 开闭区间

有时候我们可能遇到字符组的重复次数没有边界,可以使用两个速写字符指定常见的重复情况。

(1)"＋"匹配 1 个到无数个;

(2)"＊"代表 0 个到无数个;

即"＋"等价于{1,},"＊"等价于{0,}。

【例 9-21】 请写出一个正则表达式能匹配表中以 f 开头的数据,如表 9.20 所示。

表 9.20   匹配以 f 开头的数据

需要匹配	不能匹配
f0asd	f
food	pthhon

【答案】   匹配的正则表达式 pattern＝'f\w＋'。

9.4   正则表达式进阶

9.4.1   分组

在正则表达式中提供了一种将表达式分组的机制，当使用分组时，除了获得整个匹配，还能够在匹配中选择每一个分组，使用()即可。

例如从下面文本中提取数字。

张三：0311-8825951

正则表达式：(\d{4})-(\d{7})

该正则表达式将文本分成了两组，第一组为 0311，第二组为 8825951。

分组有一个非常重要的功能——捕获数据，所以()被称为捕获分组，用来捕获数据，当我们想要从匹配好的数据中提取关键数据的时候可以使用分组。

【例 9-22】   使用分组提取＜p＞＜/p＞中的数据，如表 9.21 所示。

表 9.21   分组提取＜p＞＜/p＞中的数据

需要匹配的	需要提取的
＜p＞hello＜/p＞	hello
＜p＞pthhon＜/p＞	pthhon

【答案】   匹配的正则表达式＜p＞(.＊)＜/p＞。

9.4.2   或者条件

使用分组的同时还可以使用"|"或者(or)条件。

例如要提取所有图片文件的后缀名，可以在各个后缀名之间加上一个|符号。

【例 9-23】   视频文件的后缀名有 .mp4、.avi、.wmv、.rmvb，请编写正则表达式提取所有的视频文件的后缀。

表 9.22   分组提取＜p＞＜/p＞中的数据

需要匹配的	需要提取的
1.avi	.avi
H.mp4	.mp4
Aa.wmv	.wmv

【答案】   匹配的正则表达式.?(.avi|.mp4|.wmv)。

9.4.3　分组的回溯引用

正则表达式提供了一种引用之前匹配分组的机制,有些时候,会寻找到一个子匹配,该匹配接下来会再次出现。使用"\N"可以引用编号为 N 的分组,N 表示第几组,值为 1,2,3 等。

【例 9-24】　请编写代码匹配符合 ab ba 这种关系的单词,如表 9.23 所示。

表 9.23　分组提取< p >< /p >中的数据

需要匹配的	不能匹配的
abccba	ccritan
allagmatic	all
otto	aaruria
asffs	fful
maam	mama

【答案】　匹配的正则表达式(\w)(\w)(\2)(\1)。

【例 9-25】　请编写代码匹配符合如表 9.24 所示的字符串。

表 9.24　分组提取< p >< /p >中的数据

需要匹配的	不能匹配的
mama	baab
haha	abcd
barbar	barlar

【答案】　匹配的正则表达式(\w. ＊)(\w. ＊)(\1)(\2)。

9.4.4　断言

先行断言和后行断言又被称为环视,也被称为预搜索,其实叫什么无所谓,重要的是知道如何使用它们。

先行断言和后行断言总共有四种:

正向先行断言

反向先行断言

正向后行断言

反向后行断言

1. 正向先行断言

正向先行断言:(?=表达式),指在某个位置向右看,表示所在位置右侧必须能匹配表达式。

例如字符串:我喜欢你 我喜欢 我喜欢我 喜欢 喜欢你。

如果要取出"喜欢"两个字,要求这个"喜欢"后面有"你",这个时候就要这么写:"喜欢(?=你)"。

先行断言可以用来判断字符串是否符合特定的规则,例如提取包含至少一个大小写字母的字符串。

(?=.*?[a-z])(?=.*?[A-Z]).+ 这段正则表达式规定了匹配的字符串中必须包含至少一个大写和小写的字母。

【例 9-26】 现在请你编写正则表达式进行密码强度的验证，规则如下：

(1) 至少一个大写字母；

(2) 至少一个小写字母；

(3) 至少一个数字；

(4) 至少 8 个字符。

【答案】 匹配的正则表达式(?=.*[a-z])(?=.*[A-Z])(?=.*\d).{8}。

2. 反向先行断言

反向先行断言(?!表达式)的作用是保证右边不能出现某字符。

例如字符串：我喜欢你 我喜欢 我喜欢我 喜欢 喜欢你。

如果要取出"喜欢"两个字，要求这个"喜欢"后面没有"你"，这个时候就要这么写：喜欢(?!你)，这就是反向先行断言。

【例 9-27】 编写正则表达式匹配不是 qq 邮箱的数据。

【答案】 匹配的正则表达式.@(?!qq)。

3. 正向后行断言

正向后行断言：(?<=表达式)，指在某个位置向左看，表示所在位置左侧必须能匹配表达式。

例如取出"喜欢"两个字，要求"喜欢"的前面有"我"，后面有"你"。

正则表达式(?<=我)喜欢(?=你)。

【例 9-28】 使用正则表达式匹配王姓同学的名字。

【答案】 匹配的正则表达式(?<=王)。

4. 反向后行断言

反向后行断言：(?<!表达式)，指在某个位置向左看，表示所在位置左侧不能匹配表达式。

例如取出喜欢两个字，要求喜欢的前面没有我，后面没有你，这个时候就要这么写：(?<!我)喜欢(?! 你)。

【练习】 匹配所有符合 XML 规则的标签，如表 9.25 所示。

表 9.25 匹配所有符合 XML 规则的标签

需要匹配的
<city>hello</city>
<info>haha</info>
<div>python</div>

【答案】 匹配的正则表达式<(\w+)>\w+</(\1)>。

第 10 章

数 据 清 洗

数据清洗,是整个数据分析过程中不可缺少的一个环节,其结果直接关系到数据分析模型效果和最终结论。在实际操作中,数据清洗通常会占据数据分析过程的 $50\%\sim80\%$ 的时间。国外有些学术机构会专门研究如何做数据清洗,相关的书籍也不少。

10.1 数据分析流程

数据分析是指用适当的统计分析方法对收集来的大量数据进行分析,将它们加以汇总和理解并消化,以求最大化地开发数据的功能,发挥数据的作用。数据分析是为了提取有用信息和形成结论而对数据加以详细研究和概括总结的过程。数据分析的真正价值在于发现问题,解决问题,创造价值。数据分析的流程如图 10.1 所示。

图 10.1 数据分析的基本流程

确定目的:明确数据分析的目的。

获取数据:收集原始数据,数据来源可能丰富多彩,格式也不尽相同。

清洗数据:理顺杂乱的原始数据,并修正数据中的错误,这一步比较繁杂,但却是整个分析的基石。

探索数据:进行探索式分析,对整个数据全面了解,以便后续选择何种分析策略。

数据建模:常常用到机器学习、深度学习等算法对数据进行分析。

结果交流:使用报告、图标等可视化形式展示,与他人交流。

10.2 数据清洗的概念及流程

数据清洗是对数据进行重新审查和校验的过程,目的在于删除重复信息、纠正存在的错误,并提供数据一致性。是从记录表、表格、数据库中检除损坏或不准确记录的过程。简单地说,数据清洗就是把"脏数据"变成"干净数据",清洗流程如图 10.2 所示。

脏数据:残缺数据、错误数据、重复数据、不符合规则的数据等。

干净数据:直接带入模型的数据。

数据清洗的任务是过滤那些不符合要求的数据,将过滤的结果交给业务主管部门,确认是否过滤掉还是由业务单位修正之后再进行抽取。

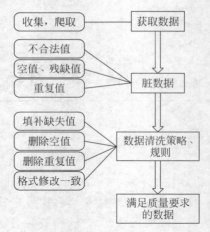

图 10.2　数据清洗流程

10.3　数据清洗常用方法

数据清洗从数据的准确性、完整性、一致性、唯一性、适时性、有效性几个方面来处理数据的丢失值、越界值、不一致代码、重复数据等问题。

数据清洗一般针对具体应用，因而难以归纳统一的方法和步骤，但是根据数据不同可以给出相应的数据清理方法。

（1）解决不完整数据（即值缺失）的方法。

大多数情况下，缺失的值必须手工填入（即手工清理）。当然，某些缺失值可以从本数据源或其他数据源推导出来，这就可以用平均值、最大值、最小值或更为复杂的概率估计代替缺失的值，从而达到清理的目的。

（2）错误值的检测及解决方法。

用统计分析的方法识别可能的错误值或异常值，如偏差分析、识别不遵守分布或回归方程的值，也可以用简单规则库（常识性规则、业务特定规则等）检查数据值，或使用不同属性间的约束、外部的数据来检测和清理数据。

（3）重复记录的检测及消除方法。

数据库中属性值相同的记录被认为是重复记录，通过判断记录间的属性值是否相等来检测记录是否相等，相等的记录合并为一条记录（即合并/清除）。合并/清除是消重的基本方法。

（4）不一致性（数据源内部及数据源之间）的检测及解决方法。

从多数据源集成的数据可能有语义冲突，可定义完整性约束用于检测不一致性，也可通过分析数据发现联系，从而使得数据保持一致。

使用 Pandas 库对前面章节收集的数据进行处理，常见的处理的方法如图 10.3 所示。

10.3.1　读取数据

经过了解数据量，将数据导入处理工具或者平台。一般来讲，数据量不大的状况建议使

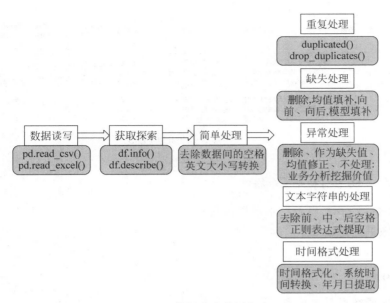

图 10.3　数据清洗常用方法

用数据库。若是数据量大（千万级以上），可使用 Hadoop 文本文件存储 Python 操作的方式。

本书数据清洗案例使用 Pandas 库来处理数据。

【例 10-1】　使用 Pandas 清洗给定的 CSV 格式数据集。

读取 CSV 文件的语法及常用参数：

data = pd.read_csv(path, sep = ',', header = 'infer', names = None, usecols = None, skiprows = None, skipfooter = None, converters = None, encoding = None)

path：文件路径；

sep：选定分隔符号；

header：是否将原数据集第一行作为表头；

names：给数据框添设表头；

usecols：指定读入哪些变量数据；

skiprows/skipfooter：读入数据时选择跳过开头/结尾的指定行数；

converters/dtype：以字典形式指定数据类型的转换；

encoding：编码方式。

使用 head() 方法得到了前几个行信息，查看一下数据是否读取成功。

代码如下：

```
import pandas as pd
import numpy as np
import matplotlib.pyplot as plt
df = pd.read_csv('dataset.csv', index_col = 0, encoding = 'gbk')
df.head(2)
```

代码执行的结果如图 10.4 所示。

	出发地	目的地	价格	节省	路线名	酒店	房间	去程航司	去程方式	去程时间	回程航司	回程方式	回程时间
0	哈尔滨	北海	2208.0	650.0	哈尔滨-北海3天2晚|入住北海祥丰嘉年华大酒店＋春秋航空往返机票	北海祥丰嘉年华大酒店 舒适型 4.7分/5分	标准双人间(双床) 双床 不含早 1间2晚	春秋航空 9C8741	直飞	17:10-21:50	春秋航空 9C8742	直飞	10:20-15:05
1	成都	泸沽湖	1145.0	376.0	成都-泸沽湖3天2晚|入住7天酒店丽江古城中心店＋成都航空往返机票	7天酒店丽江古城中心店 经济型 4.0分/5分	经济房-不含早-限时特... 其他 不含早 1间2晚	成都航空 EU2237	直飞	19:45-21:20	成都航空 EU2738	直飞	23:30-01:05

图 10.4　查看数据的基本信息

10.3.2　初步探索数据

查看数据的行列值，以及基本数据值信息。

1. 查看数据的形状

```
df.shape
(5100, 13)
```

2. 快速查看数据基本信息

```
df.info()
< class 'pandas.core.frame.DataFrame'>
Int64Index: 5100 entries, 0 to 5099
Data columns (total 13 columns):
出发地            5098 non－null object
目的地            5099 non－null object
价格             5072 non－null float64
节省             5083 non－null float64
路线名            5100 non－null object
酒店             5100 non－null object
房间             5100 non－null object
去程航司           5100 non－null object
去程方式           5100 non－null object
去程时间           5100 non－null object
回程航司           5100 non－null object
回程方式           5100 non－null object
回程时间           5100 non－null object
dtypes: float64(2), object(11)
memory usage: 557.8＋ KB
```

3. 显示数值型数据的统计描述

```
df.describe()
```

代码执行的结果如图 10.5 所示。

10.3.3　简单处理数据

简单处理主要包括以下操作：

（1）看原数据，包括字段解释、数据来源、代码、表格等一切描述数据的信息；若数据是

	价格	节省
count	5072.000000	5083.000000
mean	1765.714905	474.139878
std	2580.129644	168.893780
min	578.000000	306.000000
25%	1253.000000	358.000000
50%	1632.000000	436.000000
75%	2028.250000	530.000000
max	179500.000000	3500.000000

图 10.5 数值型数据的描述

多维度的,要弄清楚数据之间的关联关系。

(2) 抽取一部分数据,使用人工查看方式,对数据有一个直观的了解,并且初步发现一些问题,为以后的处理做准备。

1. 查看列信息

```
df.columns
Index(['出发地 ', '目的地', '价格 ', '节省', '路线名', '酒店', '房间', '去程航司', '去程方式',
'去程时间', '回程航司', '回程方式 ', '回程时间'], dtype = 'object')
```

2. 定位具体的列

通过查看列信息,发现列名中是有空格的,因此查看具体列的时候,空格不能少。

```
df['价格 ']
0        2208.0
1        1145.0
2        2702.0
3        1954.0
4        1608.0
          ...
5095     2085.0
5096     1158.0
5097     1616.0
5098     1703.0
5099     1192.0
Name: 价格 , Length: 5100, dtype: float64
```

3. 查看所有的特征值

```
col = df.columns.values
col
array(['出发地 ', '目的地', '价格 ', '节省', '路线名', '酒店', '房间', '去程航司', '去程方式',
'去程时间', '回程航司', '回程方式 ', '回程时间'], dtype = object)
```

4. 去掉列名空格

```
col[0].strip() #一次只能处理一个数据,strip 只能去掉字符串的前后空格
'出发地'
[x.strip()for x in col] #使用列表推导式
['出发地',
```

```
'目的地',
'价格',
'节省',
'路线名',
'酒店',
'房间',
'去程航司',
'去程方式',
'去程时间',
'回程航司',
'回程方式',
'回程时间']
```

10.3.4　重复值处理

建议把去重放在格式内容清洗以后，例如多个空格致使工具认为"张 三丰"和"张三丰"不是一样的，去重失败。

1. 查看重复值

使用 duplicated 函数，其返回布尔型数据，告诉重复值的位置，两条中所有数据都相等，那么就是相等的。从前往后或者从后往前的模式。

（1）第二行数据和第一行一样，那么从前往后就把第二行数据判断为重复数据。

（2）如果是从后往前，就把第一行数据判断为重复数据。

（3）默认是从前往后的。

（4）返回布尔值后就能找到重复值的位置。

```
df.duplicated()
0          False
1          False
2          False
3          False
4          False
           ...
5095       True
5096       False
5097       False
5098       False
5099       False
Length: 5100, dtype: bool
```

2. 返回具有重复值的记录

```
df[df.duplicated()]
```

代码执行结果如图 10.6 所示。

3. 求重复值个数总和

```
df.duplicated().sum()
100
```

	出发地	目的地	价格	节省	路线名	酒店	房间	去程航司	去程方式	去程时间	回程航司	回程方式	回程时间
454	广州	黄山	1871.0	492.0	广州-黄山3天2晚|入住黄山汤口醉享主题酒店+南方航空往返机票	黄山汤口醉享主题酒店 舒适型 4.8分/5分	睫毛弯弯(大床)大床 不含早 1间2晚	南方航空 CZ3627	直飞	19:20-21:15	南方航空 CZ3628	直飞	22:05-23:50
649	济南	长沙	1134.0	360.0	济南-长沙3天2晚|入住长沙喜迎宾华天大酒店+山东航空往返机票	长沙喜迎宾华天大酒店 高档型 3.7分/5分	特惠双间(特惠抢购)(...双床 不含早 1间2晚	山东航空 SC1185	直飞	18:40-20:50	山东航空 SC1186	直飞	10:20-12:15
685	青岛	重庆	1474.0	420.0	青岛-重庆3天2晚|入住怡家丽景酒店重庆垫江店+山东航空/华夏航空往返机票	怡家丽景酒店重庆垫江店 舒适型 4.3分/5分	法式房(内宾)(无窗)...大床 不含早 1间2晚	山东航空 SC4709	经停	19:30-00:05	华夏航空 G54710	经停	18:00-22:25
852	北京	哈尔滨	1450.0	368.0	北京-哈尔滨3天2晚|入住哈尔滨水逸城市酒店+南方航空往返机票	哈尔滨水逸城市酒店 舒适型 4.6分/5分	标准间-【预付特惠】独...双床 双早 1间2晚	南方航空 CZ6202	直飞	22:20-00:20	大新华 CN7150	直飞	22:50-00:55
922	北京	长沙	1289.0	334.0	北京-长沙3天2晚|入住浏阳市华尔宫大酒店+海南航空/南方航空往返机票	浏阳市华尔宫大酒店 3.8分/5分	豪华双人间(双床)双床 不含早 1间2晚	海南航空 HU7135	直飞	17:45-20:30	南方航空 CZ3855	直飞	22:55-01:10
...	...	...											
5045	杭州	丽江	2872.0	718.0	杭州-丽江3天2晚|入住丽江松竹居客栈玉观音店+长龙航空/首都航空往返机票	丽江松竹居客栈玉观音店 高档型 4.6分/5分	特惠房(大床)大床 不含早 1间2晚	长龙航空 GJ8869	经停	08:50-13:35	首都航空 JD5192	直飞	13:00-16:15

图 10.6　重复值记录部分截图

4．删除重复值

【注意】　删除完重复数据之后生成了一个新的数据。

```
df.drop_duplicates()
df.drop_duplicates(inplace = True) # 直接在源数据上操作
df.shape # 查看删除重复之后的数据集
(5000, 13)
```

5．重置索引

【注意】　原数据集修改后,就要进行索引重置,否则索引不连续。

```
df.index = range(df.shape[0])
df.index
RangeIndex(start = 0, stop = 5000, step = 1)
```

10.3.5　异常值处理

有人填表时候手抖,将年龄填写为 200 岁,像这种要么删掉,或者按缺失值处理。这种数据如何发现呢? 通常有以下两种手段。

（1）基于统计与数据分布:最大值,最小值,分箱,分类统计,Pandas Value count,峰值偏度,查看是否是正态分布。

（2）使用可视化工具绘制箱形图进行分析。

下面采用基于统计与数据分布处理异常值。

1．查看统计信息描述

```
df.describe().T
```

代码执行结果如图 10.7 所示。

2．查找异常值

通常认为数值型是数据超过标准差 3 倍的值,通常认为是异常值。

	count	mean	std	min	25%	50%	75%	max
价格	4972.0	1767.782381	2604.329780	578.0	1253.0	1633.0	2031.0	179500.0
节省	4983.0	474.490869	169.148391	306.0	358.0	436.0	532.0	3500.0

图 10.7　查看统计信息

```
sta = (df['价格'] − df['价格'].mean())/df['价格'].std()
df[sta.abs()>3]
```

代码执行结果如图 10.8 所示。

	出发地	目的地	价格	节省	路线名	酒店	房间	去程航司	去程方式	去程时间	回程航司	回程方式	回程时间
2763	杭州	九寨沟	179500.0	538.0	杭州-九寨沟3天2晚｜入住九寨沟九乡宾馆＋成都航空/长龙航空往返机票	九寨沟九乡宾馆 舒适型 4.3分/5分	特惠房(双床) 双床 不含早 1间2晚	成都航空 EU2206	经停	20:30-01:00	长龙航空 GJ8680	经停	20:25-00:50

图 10.8　查看价格超过 3 倍标准差的异常值

3. 根据实际意义来认定异常值

根据实际题意，"节省"大于"价格"，认定为异常值。

```
df[df.价格< df.节省]
```

代码执行结果如图 10.9 所示。

	出发地	目的地	价格	节省	路线名	酒店	房间	去程航司	去程方式	去程时间	回程航司	回程方式	回程时间
2904	武汉	西安	949.0	3500.0	武汉-西安3天2晚｜入住西安西稍门大酒店＋东方航空往返机票	西安西稍门大酒店 舒适型 3.3分/5分	标准间B(丝路之旅)(... 双床 不含早 1间2晚	东方航空 MU2194	直飞	21:50-23:30	东方航空 MU2462	直飞	19:35-21:20
3108	济南	大连	911.0	3180.0	济南-大连3天2晚｜入住普兰店科洋大酒店＋山东航空/厦门航空往返机票	普兰店科洋大酒店 舒适型 4.4分/5分	大床房(限量促销) 大床 不含早 1间2晚	山东航空 SC4916	直飞	19:45-20:50	厦门航空 MF8042	直飞	13:10-14:20
3660	沈阳	青岛	924.0	3200.0	沈阳-青岛3天2晚｜入住星程酒店青岛台东步行街店＋青岛航空/南方航空往返机票	星程酒店青岛台东步行街店 舒适型 4.2分/5分	大床房(内宾)(提前1... 大床 不含早 1间2晚	青岛航空 QW9780	直飞	22:35-00:10	南方航空 CZ6568	直飞	20:55-22:35

图 10.9　查看"节省"大于"价格"的异常值

4. 删除异常值

有些异常值可以删除，但有些异常值，对数据挖掘来说可能是非常重要的信息。

```
deindex = pd.concat([df[df.节省> df.价格],df[sta.abs()>3]])
df.drop(deindex,inplace = True) # 在原据上修改
```

10.3.6　处理缺失值

缺失值是最多见的数据问题，处理缺失值也有不少方法，通常建议按照如下四个步骤进行。

第一步：确定缺失值的比例和范围

对每一个字段都计算其缺失值比例，而后按照缺失比例和字段重要性，分别制定策略。

第二步：去除不需要的字段

这一步很简单，直接删掉便可，但建议清洗每作一步都备份一次。

第三步：填充缺失内容

某些缺失值能够进行填充，方法有如下三种：

① 以业务知识或经验推测填充缺失值。

② 以同一指标的计算结果（均值、中位数、众数等）填充缺失值。

③ 以不一样指标的计算结果填充缺失值。

第四步：重新获取数据

如果某些指标很重要又缺失率高，那就需要和爬取数据人员或业务人员沟通了解，看是否有其他渠道能够得到相关数据。

以上，简单地梳理了缺失值清洗的步骤，但其中有一些内容在实际工程应用中会更加复杂，例如填充缺失值。

1．查看缺失值

```
df.isnull().sum()
出发地        2
目的地        1
价格        28
节省        17
路线名        0
酒店        0
房间        0
去程航司       0
去程方式       0
去程时间       0
回程航司       0
回程方式       0
回程时间       0
dtype:int64
```

上面显示的列中，表示出发地有 2 个缺失值，目的地有 1 个缺失值，价格有 28 个缺失值，节省了 17 个缺失值。

2．定位缺失值

```
df[df.出发地.isnull()]
```

代码执行的结果如图 10.10 所示。

出发地	目的地	价格	节省	路线名	酒店	房间	去程航司	去程方式	去程时间	回程航司	回程方式	回程时间
1850	NaN	烟台	647.0	348.0	大连-烟台3天2晚 | 入住烟台海阳黄金海岸大酒店＋幸福航空/天津航空往返机票	烟台海阳黄金海岸大酒店 3.7分/5分	海景标准间(内宾)[双... 双床 双早 1间2晚	幸福航空 JR1582	直飞	10:05-11:05	天津航空 GS6402	直飞	16:30-17:25
1915	NaN	西安	1030.0	326.0	济南-西安3天2晚 | 入住西安丝路秦国际青年旅舍钟楼回民街店＋华夏航空往返...	西安丝路秦国际青年旅舍钟楼回民街店 经济型 4.4分/5分	标准间（独卫）-吃货天... 双床 不含早 1间2晚	华夏航空 G54963	直飞	07:10-08:55	华夏航空 G58858	直飞	23:10-00:55

图 10.10　查看"出发地"缺失项

3. 填补缺失值

（1）从"路线名"提取出前两个字符来填补"出发地"的缺失值。

df.loc[df.出发地.isnull(),'出发地'] = [str(x)[:2]for x in df.loc[df.出发地.isnull(),'路线名']]

（2）从"路线名"提取出目的地来填充"目的地"缺失值。

df.loc[df.目的地.isnull(),'目的地'] = str(df.loc[df.目的地.isnull(),'路线名'].values)[5:7]

（3）用均值来填充"价格"缺失值。

df['价格'].fillna(round(df['价格'].mean(),0),inplace = True)

（4）用均值来填充"节省"缺失值。

df['节省'].fillna(round(df['节省'].mean(),0),inplace = True)

10.3.7　爬取数据

1. 查看数据特点

df.head(10)

代码执行结果如图 10.11 所示。

出发地	目的地	价格	节省	路线名	酒店	房间	去程航司	去程方式	去程时间	回程航司	回程方式	回程时间
0	哈尔滨	北海	2208.0	650.0	哈尔滨-北海3天2晚｜入住北海祥丰嘉年华大酒店＋春秋航空往返机票	北海祥丰嘉年华大酒店 舒适型 4.7分/5分	标准双人间(双床)双床 不含早 1间2晚	春秋航空 9C8741	直飞	17:10-21:50	春秋航空 9C8742	直飞	10:20-15:05
1	成都	泸沽湖	1145.0	376.0	成都-泸沽湖3天2晚｜入住7天酒店丽江古城中心店＋成都航空往返机票	7天酒店丽江古城中心店 经济型 4.0分/5分	经济房-不含早-限时特...其他 不含早 1间2晚	成都航空 EU2237	直飞	19:45-21:20	成都航空 EU2738	直飞	23:30-01:05
2	广州	沈阳	2702.0	618.0	广州-沈阳3天2晚｜入住沈阳中煤宾馆＋南方航空/深圳航空往返机票	沈阳中煤宾馆 舒适型 4.5分/5分	大床间(内宾) 大床 双早 1间2晚	南方航空 CZ6384	直飞	08:05-11:45	深圳航空 ZH9652	经停	08:20-13:05

图 10.11　查看"酒店"列

在"酒店"列中，包含了"酒店名"，还有"酒店类型"和"评分"，可以使用正则表达式提取这些特征值。

2. 提取特征

df.酒店.str.extract('(\d\.\d)分/5 分',expand = False)[:10]
```
0        4.7
1        4.0
2        4.5
3        4.6
4        4.1
5        4.6
6        4.3
7        4.3
8        4.4
9        4.0
Name: 酒店, dtype: object
```

10.3.8 增加特征值

1．增加"酒店评分"特征值

df['酒店评分'] = df.酒店.str.extract('(\d\.\d)分/5分', expand = False)
df.head(2)

代码执行的结果如图10.12所示。

	出发地	目的地	价格	节省	路线名	酒店	房间	去程航司	去程方式	去程时间	回程航司	回程方式	回程时间	酒店评分
0	哈尔滨	北海	2208.0	650.0	哈尔滨-北海3天2晚｜入住北海祥丰嘉年华大酒店＋春秋航空往返机票	北海祥丰嘉年华大酒店 舒适型 4.7分/5分	标准双人间(双床)双床 不含早 1间2晚	春秋航空 9C8741	直飞	17:10-21:50	春秋航空 9C8742	直飞	10:20-15:05	4.7
1	成都	泸沽湖	1145.0	376.0	成都-泸沽湖3天2晚｜入住7天酒店丽江古城中心店＋成都航空往返机票	7天酒店丽江古城中心店 经济型 4.0分/5分	经济房-不含早-限时特...其他 不含早 1间2晚	成都航空 EU2237	直飞	19:45-21:20	成都航空 EU2738	直飞	23:30-01:05	4.0

图 10.12　增加"酒店评分"特征值后

2．增加"酒店等级"特征值

df['酒店等级'] = df.酒店.str.extract('(.+) ', expand = False)
df.head(5)

代码执行的结果如图10.13所示。

```
df['酒店等级']=df.酒店.str.extract(' (.+) ', expand=False) #增加一个酒店等级
```

```
df.head(5)
```

	出发地	目的地	价格	节省	路线名	酒店	房间	去程航司	去程方式	去程时间	回程航司	回程方式	回程时间	酒店评分	酒店等级
0	哈尔滨	北海	2208.0	650.0	哈尔滨-北海3天2晚｜入住北海祥丰嘉年华大酒店＋春秋航空往返机票	北海祥丰嘉年华大酒店 舒适型 4.7分/5分	标准双人间(双床)双床 不含早 1间2晚	春秋航空 9C8741	直飞	17:10-21:50	春秋航空 9C8742	直飞	10:20-15:05	4.7	舒适型
1	成都	泸沽湖	1145.0	376.0	成都-泸沽湖3天2晚｜入住7天酒店丽江古城中心店＋成都航空往返机票	7天酒店丽江古城中心店 经济型 4.0分/5分	经济房-不含早-限时特...其他 不含早 1间2晚	成都航空 EU2237	直飞	19:45-21:20	成都航空 EU2738	直飞	23:30-01:05	4.0	经济型
2	广州	沈阳	2702.0	618.0	广州-沈阳3天2晚｜入住沈阳中煤宾馆＋南方航空/深圳航空往返机票	沈阳中煤宾馆 舒适型 4.5分/5分	大床间(内宾) 大床 双早 1间2晚	南方航空 CZ6384	直飞	08:05-11:45	深圳航空 ZH9652	经停	08:20-13:05	4.5	舒适型
3	上海	九寨沟	1954.0	484.0	上海-九寨沟3天2晚｜入住红原芸谊大酒店＋成都航空往返机票	红原芸谊大酒店 舒适型 4.6分/5分	豪华双床房(双早)双床 双早 1间2晚	成都航空 EU6678	直飞	21:55-01:15	成都航空 EU6677	直飞	17:45-20:35	4.6	舒适型

图 10.13　增加"酒店等级"特征值后

3．提取"天数"特征值

df['天数'] = df.路线名.str.extract('(\d)天\d晚', expand = False)
df.head(2)

代码执行的结果如图10.14所示。

10.3.9 格式与内容清洗

若数据是由系统日志而来，那么一般在格式和内容方面，会与原数据的描述一致。

	出发地	目的地	价格	节省	路线名	酒店	房间	去程航司	去程方式	去程时间	回程航司	回程方式	回程时间	酒店评分	酒店等级	天数
0	哈尔滨	北海	2208.0	650.0	哈尔滨-北海3天2晚|入住北海祥丰嘉年华大酒店＋春秋航空往返机票	北海祥丰嘉年华大酒店 舒适型 4.7分/5分	标准双人间(双床) 不含早 1间2晚	春秋航空 9C8741	直飞	17:10-21:50	春秋航空 9C8742	直飞	10:20-15:05	4.7	舒适型	3
1	成都	泸沽湖	1145.0	376.0	成都-泸沽湖3天2晚|入住7天酒店丽江古城中心店＋成都航空往返机票	7天酒店丽江古城中心店 经济型 4.0分/5分	经济房-不含早-限时特...其他 不含早 1间2晚	成都航空 EU2237	直飞	19:45-21:20	成都航空 EU2738	直飞	23:30-01:05	4.0	经济型	3

图 10.14 增加"天数"特征值后

而若数据是由人工收集或用户填写而来，则有很大可能在格式和内容上存在一些问题，简单来讲，格式内容问题有如下几类：

1. 修正格式的统一

时间、日期、数值、全半角等显示格式不一致，这种问题一般与输入端有关，在整合多来源数据时也有可能遇到，将其处理成一致的某种格式便可。

2. 修正内容类型的统一

内容中有不应存在的字符，某些内容可能只包括一部分字符，好比身份证号是数字＋字母，中国人姓名是汉字（赵 C 这种状况仍是少数）。最典型的就是头、尾、中间的空格，也可能出现姓名中存在数字符号、身份证号中出现汉字等问题。这种状况下，需要以半自动校验（正则表达式）半人工方式来找出可能存在的问题，并去除不需要的字符。

3. 内容与该字段应有内容不符

例如姓名写成了性别，身份证号写成了手机号等，均属这种问题。但该问题特殊性在于若是数据很重要，则不能简单地以删除来处理，由于有很多是人工填写错误，也有很多是前端没有校验等原因，所以要详细识别问题类型。

10.3.10　数据持久化保存

```
df.to_csv('mytest.csv')  # 保存 CSV
df.to_excel('mydataset.xlsx')  # 保存 EXCEL
```

数据清洗对随后的数据分析非常重要，因为它提高数据分析的准确性，数据清洗占整个数据分析工作的七成时间。

第 11 章

综合爬虫案例

【例 11-1】 爬取与"大数据"相关的招聘信息,保存并清洗数据。数据集中包括以下字段:

(1) 职位名称

(2) 公司名称

(3) 工作经验要求

(4) 学历要求

(5) 工作地点

(6) 薪酬

(7) 招聘人数

(8) 发布时间

(9) 职位信息

(10) 任职要求

(11) 其他字段不限,自己可以设定

11.1 数据爬取

数据爬取采用 Selenium 与 Requests 相结合的方式。Selenium 用来输入爬取参数,Requests 用来爬取参数所对应的招聘岗位的详细信息。

数据爬取来源于不同的招聘网站,并分别采用单线程和多线程的方式进行爬取。

11.1.1 单线程爬取"前程无忧"

这里不再详细讲解,代码如下:

```
import requests,re,time,csv
from lxml import etree
from selenium import webdriver
from selenium.webdriver import ChromeOptions                 # 监测的规避
def get_data(office_urls):                                   # 定义获取响应数据的方法
    postnames, companynames, experiences, educations, workplaces, salarys, recruitmans,
releasetimes,jobinfos,companyinfos,otherinfos = ([] for i in range(11))
    for url in office_urls:
        try:    # 爬取异常,防止请求超时而导致程序终止爬取数据
```

```
            response = requests.get(url = url, headers = headers, timeout = 0.5)
            response.encoding = response.apparent_encoding
            html1 = etree.HTML(response.text)
            name = html1.xpath('/html/body/div[3]/div[2]/div[2]/div/div[1]/h1/@title')
            company = html1.xpath('/html/body/div[3]/div[2]/div[2]/div/div[1]/p[1]/a[1]/
@title')
            salary = html1.xpath('/html/body/div[3]/div[2]/div[2]/div/div[1]/strong/text()')
            #职位信息每个网站的标签可能不同,可能是 p 也可能是 br,也可能是其他的,因此用
#正则更方便匹配
            jobinfo = re.findall('< div class = "bmsg job_msg inbox">(. * ?)< div class =
"mt10">', response.text, re.S)
            companyinfo = html1.xpath('/html/body/div[3]/div[2]/div[4]/div[1]/div[2]/p/@
title')
            otherinfo = html1.xpath('/html/body/div[3]/div[2]/div[2]/div/div[1]/div/div/
span/text()')
            info = html1.xpath('/html/body/div[3]/div[2]/div[2]/div/div[1]/p[2]/@title')
            if len(info) == 0:
                continue
            else:
                info = info[0].split("|")
                if len(info) != 5:
                    continue
                info = [i.replace('\xa0', '') for i in info]
            #收集信息
            workplaces.append(info[0])                         #地点
            experiences.append(info[1])                        #经验
            educations.append(info[2])                         #学历
            recruitmans.append(info[3])                        #招聘人数
            releasetimes.append(time.strftime(" % Y") + ' - ' + info[4])    #发布时间
            postnames.append(''.join(name))                    #职位名称
            companynames.append(''.join(company))              #公司名称
            companyinfos.append('、'.join(companyinfo))         #公司相关信息
            salarys.append(''.join(salary))                    #薪水
            jobinfos.append(''.join(jobinfo).replace('\r\n', '').replace('', ''))    #职位信息
            otherinfos.append('、'.join(otherinfo))             #其他信息
        except:
            print('请求超时或其他错误,继续爬取下一个职位网站')
    return postnames, companynames, experiences, educations, workplaces, salarys, recruitmans,
releasetimes, jobinfos, companyinfos, otherinfos
def main(keys = '大数据'):
    with open('51 前程无忧_ % s 招聘信息. csv' % keys, 'a', newline = '', encoding = 'utf - 8') as f:
        title = ['职位名称', '公司名称', '工作经验要求', '学历要求', '工作地点', '薪酬', '招聘人
数', '发布时间', '职位信息', '公司相关信息', '其他信息', '详情网页']
        writer = csv.writer(f)
        writer.writerow(title)
        chrome = webdriver.Chrome(executable_path = '86chromedriver. exe', options = option)
        chrome.get(url)
        time.sleep(1)
        chrome.find_element_by_xpath('// * [@ id = "keywordInput"]').send_keys(keys)
        chrome.find_element_by_xpath('// * [@ id = "search_btn"]').click()
        time.sleep(2)
```

```
            page_num = 1 #记录页数
        while True:
            print('关键字:%s,正在爬取第%s页数据,请稍等'%(keys,page_num))
            html = etree.HTML(chrome.page_source)
            office_urls = html.xpath('/html/body/div[2]/div[3]/div/div[2]/div[4]/div[1]/
div/a/@href')
            attris = html.xpath('/html/body/div[2]/div[3]/div/div[2]/div[4]/div[1]/div/
a/p[2]/span[2]/text()')
            attris = [i.replace(' ','').split('|') for i in attris]
            office_urls = [u for u,a in zip(office_urls,attris) if len(a) == 4] #除去不需要
#的职业信息链接
             postnames,companynames,experiences,educations,workplaces,salarys,recruitmans,
releasetimes,jobinfos,companyinfos,otherinfos = get_data(office_urls)
                #将数据写入文件
            for i in range(len(postnames)):
                    writer.writerow([postnames[i],companynames[i],experiences[i],educations[i],
workplaces[i],salarys[i],recruitmans[i],releasetimes[i],jobinfos[i],companyinfos[i],
otherinfos[i],office_urls[i]])
            total_page = html.xpath('/html/body/div[2]/div[3]/div/div[2]/div[4]/div[2]/
div/div/div/span[1]/text()')
            total_page = int(re.findall('\d+',total_page[0])[0])
            print('关键字:%s,招聘信息第%s页数据保存完毕,共%s页!'%(keys,page_num,
total_page))
            if page_num == total_page:      #判断是否为末页,不是则当前页加1
                break
            else:
                page_num += 1
            chrome.find_element_by_xpath('/html/body/div[2]/div[3]/div/div[2]/div[4]/div[2]/
div/div/div/ul/li[8]').click()
            time.sleep(1.5)                          #每翻一页休息1.5s
        chrome.quit()
if __name__ == '__main__':
    option = ChromeOptions()
    option.add_experimental_option('excludeSwitches',['enable-automation'])
    url = 'https://search.51job.com/list/000000,000000,0000,00,9,99,%2B,2,1.html?lang=
c&postchannel=0000&workyear=99&cotype=99&degreefrom=99&jobterm=99&companysize=
99&ord_field=0&dibiaoid=0&line=&welfare='
    headers = {'User-Agent':'Mozilla/5.0 (Windows NT 10.0; Win64; x64) AppleWebKit/537.36
(KHTML, like Gecko) Chrome/86.0.4240.183 Safari/537.36'}
    #爬虫主程序,默认爬取"大数据"关键字的职位信息
    main(keys='大数据')
```

900多页的数据,爬取到195多页的时候由于断网中断了,约爬取7600多条数据,程序输出结果如图11.1所示。

11.1.2 多线程爬取"英才网"

这里不再详细讲解,代码如下:

```
import requests,re,time,csv
from lxml import etree
```

关键字：大数据，招聘信息第185页数据保存完毕，共970页！！！
关键字：大数据，正在爬取第186页数据，请稍等。。。
关键字：大数据，招聘信息第186页数据保存完毕，共970页！！！
关键字：大数据，正在爬取第187页数据，请稍等。。。
关键字：大数据，招聘信息第187页数据保存完毕，共970页！！！
关键字：大数据，正在爬取第188页数据，请稍等。。。
关键字：大数据，招聘信息第188页数据保存完毕，共970页！！！
关键字：大数据，正在爬取第189页数据，请稍等。。。
关键字：大数据，招聘信息第189页数据保存完毕，共970页！！！
关键字：大数据，正在爬取第190页数据，请稍等。。。
关键字：大数据，招聘信息第190页数据保存完毕，共970页！！！
关键字：大数据，正在爬取第191页数据，请稍等。。。
关键字：大数据，招聘信息第191页数据保存完毕，共970页！！！
关键字：大数据，正在爬取第192页数据，请稍等。。。
关键字：大数据，招聘信息第192页数据保存完毕，共970页！！！
关键字：大数据，正在爬取第193页数据，请稍等。。。
关键字：大数据，招聘信息第193页数据保存完毕，共970页！！！

图 11.1　单线程下载截图

```python
from queue import Queue
from multiprocessing.dummy import Pool
from selenium import webdriver
from selenium.webdriver import ChromeOptions  # 监测的规避
def get_data(url):
    try:
        response = requests.get(url,headers = headers)
        response.encoding = response.apparent_encoding
        html1 = etree.HTML(response.text)
        name = ''.join(html1.xpath('//*[@id = "main"]/div/div[1]/div[1]/div[1]/div[1]/a/
text()'))
        company_name = ''.join(re.findall('< meta name = "author" content = "(.*?)"',
response.text,re.S))
        exep = ''.join(html1.xpath('//*[@id = "main"]/div/div[1]/div[1]/div[2]/ul[1]/li
[2]/span/text()'))
        edu = ''.join(html1.xpath('//*[@id = "main"]/div/div[1]/div[1]/div[2]/ul[1]/li
[1]/span/text()'))
        workplace = ''.join(html1.xpath('//*[@id = "main"]/div/div[1]/div[1]/div[2]/ul
[2]/li[3]/span/text()'))
        salary = ''.join(html1.xpath('//*[@id = "main"]/div/div[1]/div[1]/div[1]/div[2]/
text()'))
        needman = ''.join(html1.xpath('//*[@id = "main"]/div/div[1]/div[1]/div[2]/ul[2]/
li[1]/span/text()'))
        publishtime = ''.join(html1.xpath('//*[@id = "main"]/div/div[1]/div[1]/div[2]/ul
[1]/li[3]/span/text()'))
        infos = ''.join(re.findall('< div class = "job_depict">(.*?)< p class = "position_
type">', response.text, re.S))
        company_info = ''.join(html1.xpath('//*[@id = "main"]/div/div[2]/div/div[2]/ul/
li/text()'))
        other_infos = []  # 该网站无该信息，所以设置为空
        time.sleep(0.5)  # 每条线程，休息 0.5s
        # 将爬取的数据增加到队列中
        q.put([name, company_name, exep, edu, workplace, salary, needman, publishtime, infos,
company_info, ''.join(other_infos),url])
    except:
        print('有一条职位信息请求超时或者有其他错误,该职位信息链接为: % s'% url)
```

```
def wirte_data():
    #使用多线程不写列名,因为是爬取一页数据后保存一页数据,后面数据清洗再加上,不然会有
#很多的列名混在数据中
    with open('F:/一览英才网 - 招聘信息.csv','a',newline = '') as f:
        writer = csv.writer(f)
        while True:
            if q.empty():
                break
            writer.writerow(q.get())
def main():
    chrome = webdriver.Chrome(executable_path = 'F:/86chromedriver.exe',options = option)
    page = 0
    for i in range(8):
        url = f"http://www.job1001.com/SearchResult.php?page = {page}&&parentName = &key =
&region_1 = &region_2 = &region_3 = &keytypes = &jtzw = % B4 % F3 % CA % FD % BE % DD&data = &dqdh_
gzdd = &jobtypes = &edus = &titleAction = &provinceName = &sexs = &postidstr = &postname =
&searchzwtrade = &gznum = &rctypes = &salary = &showtype = list&sorttype = score # main_search"
        chrome.get(url)
        time.sleep(2)
        html = etree.HTML(chrome.page_source)
        urls = html.xpath('// * [@id = "main_search"]/div/table/tbody/tr[2]/td/div[1]/ul/
li[1]/a/@href')
        pool = Pool(4)
        pool.map(get_data,urls)
        pool.close()
        pool.join()
        #保存数据到本地
        wirte_data()
        page += 1
        print('一页数据保存完毕! ')
    chrome.quit()
if __name__ == '__main__':
    q = Queue()
    option = ChromeOptions()
    option.add_experimental_option('excludeSwitches',['enable - automation'])
    headers = {
        'User - Agent': 'Mozilla/5.0 (Windows NT 10.0; Win64; x64) AppleWebKit/537.36 (KHTML,
like Gecko) Chrome/86.0.4240.183 Safari/537.36' }
    main()
```

约爬取 200 条职位信息,程序运行结果部分截图如图 11.2 所示。

```
一页数据保存完毕!!!
一页数据保存完毕!!!
一页数据保存完毕!!!
有一条职位信息请求超时或者有其他错误,该职位信息链接为: http://www.job1001.com/jobs/53020150.html
有一条职位信息请求超时或者有其他错误,该职位信息链接为: http://www.job1001.com/jobs/53020157.html
有一条职位信息请求超时或者有其他错误,该职位信息链接为: http://www.job1001.com/jobs/53020159.html
一页数据保存完毕!!!
一页数据保存完毕!!!
一页数据保存完毕!!!
一页数据保存完毕!!!
一页数据保存完毕!!!
```

图 11.2 多线程爬取"英才网"截图

11.1.3　多线程爬取"前程无忧"

这里不再详细讲解，代码如下：

```python
import requests, re, time, csv
from lxml import etree
from queue import Queue
from multiprocessing.dummy import Pool
from selenium import webdriver
from selenium.webdriver import ChromeOptions  # 监测的规避
def get_data(url):
    # 爬取异常,防止请求超时而导致程序终止爬取数据
    try:
        response = requests.get(url = url, headers = headers)
        response.encoding = response.apparent_encoding
        html1 = etree.HTML(response.text)
        name = html1.xpath('/html/body/div[3]/div[2]/div[2]/div/div[1]/h1/@title')
        company = html1.xpath('/html/body/div[3]/div[2]/div[2]/div/div[1]/p[1]/a[1]/@title')
        salary = html1.xpath('/html/body/div[3]/div[2]/div[2]/div/div[1]/strong/text()')
        # 职位信息每个网站的标签可能不同,可能是 p 也可能是 br 或其他,因此用正则更方便
# 匹配
        jobinfo = re.findall('< div class = "bmsg job_msg inbox">(. * ?)< div class = "mt10">', response.text, re.S)
        companyinfo = html1.xpath('/html/body/div[3]/div[2]/div[4]/div[1]/div[2]/p/@title')
        otherinfo = html1.xpath('/html/body/div[3]/div[2]/div[2]/div/div[1]/div/div/span/text()')
        info = html1.xpath('/html/body/div[3]/div[2]/div[2]/div/div[1]/p[2]/@title')
        info = info[0].split("|")
        info = [i.replace('\xa0','') for i in info]
        # 收集信息
        workplace = info[0]                                          # 地点
        expc = info[1]                                               # 经验
        edu = info[2]                                                # 学历
        needman = info[3]                                            # 招聘人数
        publishtime = time.strftime("% Y") + ' - ' + info[4]        # 发布时间
        name = ''.join(name)                                        # 职位名称
        companyname = ''.join(company)                              # 公司名称
        companyinfo = '、'.join(companyinfo)                         # 公司相关信息
        salary = ''.join(salary)                                    # 薪水
        jobinfo = ''.join(jobinfo).replace('\r\n','').replace('','')  # 职位信息
        otherinfo = '、'.join(otherinfo)                            # 其他信息
        q.put([name, companyname, expc, edu, workplace, salary, needman, publishtime, jobinfo, companyinfo, otherinfo, url])
        time.sleep(0.5)    # 每个线程,休息 0.5s,防止请求太快
    except:
        print('请求超时或出现其他错误,继续爬取下一个职位网站,该职位链接为: % s' % url)
def wirte_data():
    # 使用多线程不写列名,因为是爬取一页数据后保存一页数据,后面数据清洗再加上,不然会有
```

```
#很多的列名混在数据中.
    with open('51前程无忧_招聘信息_多线程.csv','a',newline = '',encoding = 'utf - 8') as f:
        writer = csv.writer(f)
        while True:
            if q.empty():
                break
            writer.writerow(q.get())
def main(keys = '大数据'):
    chrome = webdriver.Chrome(executable_path = '86chromedriver.exe',options = option)
    chrome.get(url)
    time.sleep(1)
    chrome.find_element_by_xpath('//*[@id = "keywordInput"]').send_keys(keys)
    chrome.find_element_by_xpath('//*[@id = "search_btn"]').click()
    time.sleep(2)
    page_num = 1 #记录页数
    while True:
        print('关键字:%s,正在爬取第%s页数据,请稍等'%(keys,page_num))
        html = etree.HTML(chrome.page_source)
        office_urls = html.xpath('/html/body/div[2]/div[3]/div/div[2]/div[4]/div[1]/div/
a/@href')
        attris = html.xpath('/html/body/div[2]/div[3]/div[2]/div[4]/div[1]/div/a/p
[2]/span[2]/text()')
        attris = [i.replace(' ','').split('|') for i in attris]
        #过滤掉不需要的职业信息链接
        office_urls = [u for u,a in zip(office_urls,attris) if len(a) == 4]
        pool = Pool(4)
        pool.map(get_data,office_urls)
        pool.close()
        pool.join()
        #保存数据到本地
        wirte_data()
        total_page = html.xpath('/html/body/div[2]/div[3]/div/div[2]/div[4]/div[2]/div/
div/div/
span[1]/text()')
        total_page = int(re.findall('\d + ',total_page[0])[0])
        print('关键字:%s,招聘信息第%s页数据保存完毕,共%s页!'%(keys,page_num,total_
page))
        #判断是否为末页,不是则当前页加1
        if page_num == total_page:
            break
        else:
            page_num += 1
        chrome.find_element_by_xpath('/html/body/div[2]/div[3]/div/div[2]/div[4]/div[2]/div/
div/div/ul/li[8]').click()
        #每翻一页休息1.5s
        time.sleep(1.5)
    print("数据全部保存成功,请去相应的文件目录下查收!!!")
    chrome.quit()
if __name__ == '__main__':
    q = Queue()
    option = ChromeOptions()
```

```
option.add_experimental_option('excludeSwitches',['enable-automation'])
url = 'https://search.51job.com/list/000000,000000,0000,00,9,99,%2B,2,1.html?lang=
c&postchannel=
0000&workyear=99&cotype=99&degreefrom=99&jobterm=99&companysize=99&ord_field=
0&dibiaoid=0&line=&welfare='
headers = {'User-Agent':'Mozilla/5.0 (Windows NT 10.0; Win64; x64) AppleWebKit/537.36
(KHTML, like Gecko) Chrome/86.0.4240.183 Safari/537.36'}
#爬虫主程序,默认爬取"大数据"关键字的职位信息
main(keys='大数据')
```

约使用 6 小时时间,全部爬取完毕,约 43000 条数据,程序运行结果如图 11.3 所示。

关键字:大数据,正在爬取第969页数据,请稍等...
请求超时或出现其他错误,继续爬取下一个职位网站,该职位链接为:http://pingan.51job.com/sc/show_job_detail.php?jobid=126056915
请求超时或出现其他错误,继续爬取下一个职位网站,该职位链接为:https://jobs.51job.com/wuhan-hsq/125658325.html?s=01&t=0
请求超时或出现其他错误,继续爬取下一个职位网站,该职位链接为:http://pingan.51job.com/sc/show_job_detail.php?jobid=125858605
关键字:大数据,招聘信息第969页数据保存完毕,共971页!!!
关键字:大数据,正在爬取第970页数据,请稍等...
请求超时或出现其他错误,继续爬取下一个职位网站,该职位链接为:http://pingan.51job.com/sc/show_job_detail.php?jobid=126056915
请求超时或出现其他错误,继续爬取下一个职位网站,该职位链接为:http://pingan.51job.com/sc/show_job_detail.php?jobid=125858605
请求超时或出现其他错误,继续爬取下一个职位网站,该职位链接为:https://jobs.51job.com/wuhan-hsq/125658325.html?s=01&t=0
关键字:大数据,招聘信息第970页数据保存完毕,共971页!!!
关键字:大数据,正在爬取第971页数据,请稍等...
请求超时或出现其他错误,继续爬取下一个职位网站,该职位链接为:http://pingan.51job.com/sc/show_job_detail.php?jobid=125858605
请求超时或出现其他错误,继续爬取下一个职位网站,该职位链接为:http://pingan.51job.com/sc/show_job_detail.php?jobid=126056915
请求超时或出现其他错误,继续爬取下一个职位网站,该职位链接为:https://jobs.51job.com/wuhan-hsq/125658325.html?s=01&t=0
关键字:大数据,招聘信息第971页数据保存完毕,共971页!!!
数据全部保存成功请去相应的文件目录下查收!!!

图 11.3　多线程爬取"前程无忧"截图

11.2　简单数据清洗

11.2.1　导入库

```
import pandas as pd
import numpy as np
import matplotlib.pyplot as plt
import re
plt.rcParams['font.sans-serif']=['SimHei']    #解决中文显示问题
```

11.2.2　初识数据

1. 读入数据

```
signle_51 = pd.read_csv('51前程无忧_大数据招聘信息.csv',encoding='utf-8')
mult_51 = pd.read_csv('51前程无忧_多线程.csv', encoding='utf-8', header=None)
onedata = pd.read_csv('一览英才网-多线程.csv',header=None)
```

2. 列名修改一致

```
onedata.columns = signle_51.columns
mult_51.columns = signle_51.columns
```

3. 查看数据基本信息

```
onedata.head(1)
```

查看"英才网"招聘信息的第一行数据，如图 11.4 所示：

	职位名称	公司名称	工作经验要求	学历要求	工作地点	薪酬	招聘人数	发布时间	职位信息	公司相关信息	其他信息	详情网页
0	\n\n \t智能交通工程师/大数据分析工程师/大数据产品经理 …	由江苏纬信工程咨询有限公司发布招聘信息	\n\n 不限	\n\n 本科	\n\n 江苏-南京市	10-30万/年	\n\n 2	\n\n 2020-11-21 07:40:00	\n\n\t\t\t岗位职责：\r \r (1) 负责相关智能交通项目的前期策…	100-499人 其他 设计院/研究所 江苏-南京市-秦淮区 王艳思 会员登录后才可…	其他 设计	NaN http://www.lqjob88.com/jobs/52995895.html

图 11.4 查看"英才网"招聘信息

11.2.3 简单数据处理

1. 去掉数据中的 '\n','\t','\r' 字符

col = ['职位名称''公司名称''工作经验要求''学历要求''工作地点''薪酬''招聘人数''发布时间''职位信息''公司相关信息''其他信息''详情网页']
for c in col:
    onedata[c] = onedata[c].str.replace('\n','').str.replace('\t','').str.replace('\r','')

2. 拼接三个数据表

data = pd.concat([signle_51,mult_51,onedata],axis = 0)

3. 查看拼接后数据的形状

data.shape
(51058, 12)

4. 查看数据基本信息

```
data.info()
< class 'pandas.core.frame.DataFrame'>
Int64Index: 51058 entries, 0 to 234
Data columns (total 12 columns):
#    Column Non – Null Count Dtype
---  ------ --- --- -----
0      职位名称        51051 non – null       object
1      公司名称        51058 non – null       object
2      工作经验要求     51051 non – null       object
3      学历要求        51051 non – null       object
4      工作地点        51051 non – null       object
5      薪酬          49410 non – null       object
6      招聘人数        51051 non – null       object
7      发布时间        51051 non – null       object
8      职位信息        51051 non – null       object
9      公司相关信息     51050 non – null       object
10     其他信息        40669 non – null       object
11     详情网页        51058 non – null       object
dtypes: object(12)
```

5. 查看数据的统计描述

data.describe()

查看统计信息如图 11.5 所示。

	职位名称	公司名称	工作经验要求	学历要求	工作地点	新酬	招聘人数	发布时间	职位信息	公司相关信息	其他信息	详情网页
count	51051	51058	51051	51051	51051	49410	51051	51051	51051	51050	40669	51058
unique	23926	11378	31	18	751	800	67	107	33005	4166	13229	42904
top	大数据开发工程师	南京链家房地产经纪有限公司	3-4年经验	本科	广州-天河区	1-1.5万/月	招1人	2020-11-20发布	\<p>刷脸支付推向市场将完全代替二维码和Pos机的支付系统打通发，支付＋营销＋广告时代，帮商…	民营公司，10000人以上，房地产	带薪年假、住房补贴、绩效奖金、出国旅游、500强、行业领军、透明晋升、大数据支持、扁平化管理	https://jobs.51job.com/guangzhou-thq/123712793…
freq	1386	816	13755	29836	1794	6536	15799	16656	379	1781	806	5

图 11.5　查看数据的统计描述

11.2.4　处理重复值

1．查看重复值

```
print("重复值的个数为：",data.duplicated().sum())
print("占总数据的比为：%.2f%%"%((data.duplicated().sum()/data.shape[0])*100))
```

重复值的个数为：1893
占总数据的比为：3.71%

2．删除重复值

重复值数量不多的时候，直接删除。

```
data.drop_duplicates(inplace = True)
```

3．重置索引

```
data.reset_index(drop = True,inplace = True)
```

4．查看修改后的数据信息

```
data.shape
(49165, 12)
```

11.2.5　处理空值

1．查看空值信息

```
Nan_num = data.isnull().sum().sort_values(ascending = False)
persent = Nan_num / data.shape[0]
pd.concat([Nan_num,persent],keys = ['空值总数','所占百分比'],axis = 1)
```

代码执行的结果如图 11.6 所示。

2．查看空行索引

```
data[['职位名称','工作经验要求','学历要求','工作地点','招聘人数']][data['职位名称'].isnull()]
```

代码运行的结果如图 11.7 所示。

通过图 11.7 可得知，职位名称、工作经验要求、学历要求、工作地点、招聘人数的空值在一行上。

	空值总数	所占百分比
其他信息	10068	0.204780
薪酬	1620	0.032950
公司相关信息	7	0.000142
职位信息	7	0.000142
发布时间	7	0.000142
招聘人数	7	0.000142
工作地点	7	0.000142
学历要求	7	0.000142
工作经验要求	7	0.000142
职位名称	7	0.000142
详情网页	0	0.000000
公司名称	0	0.000000

图 11.6　查看空值及所占百分比

	职位名称	工作经验要求	学历要求	工作地点	招聘人数
48935	NaN	NaN	NaN	NaN	NaN
49054	NaN	NaN	NaN	NaN	NaN
49099	NaN	NaN	NaN	NaN	NaN
49100	NaN	NaN	NaN	NaN	NaN
49140	NaN	NaN	NaN	NaN	NaN
49160	NaN	NaN	NaN	NaN	NaN
49164	NaN	NaN	NaN	NaN	NaN

图 11.7　查看空行索引

3. 其他空值填充

```
otherinfo_dict = {}
for s in data['其他信息']:
    temp = str(s).split('、')
    for t in temp:
        if t in otherinfo_dict.keys():
            otherinfo_dict[t] += 1
        else:
            otherinfo_dict[t] = 1
otherinfo_list = sorted(otherinfo_dict.items(),key = lambda x:x[1],reverse = True)[:6]
#排序,取排名前六的高频词填充空值
otherinfo_list                                    #打印查看前六名的词
fillstring = '、'.join([i[0] for i in otherinfo_list])    #合并词为字符串
data['其他信息'] = data['其他信息'].fillna(fillstring)     #开始填充
```

4. 填充后再次查看空值信息

```
Nan_num = data.isnull().sum().sort_values(ascending = False)
persent = Nan_num / data.shape[0]
pd.concat([Nan_num,persent],keys = ['空值总数','所占百分比'],axis = 1)
```

5. 删除空行

因为剩余的空值占比为 10% 左右,占比不大,因此选择全部删除。

```
data.drop(index = data[data['任职要求'].isnull()].index,inplace = True)
data.drop(index = data[data['公司人数'].isnull()].index,inplace = True)
data.drop(index = data[data['公司性质'].isnull()].index,inplace = True)
data.drop(index = data[data['公司相关领域'].isnull()].index,inplace = True)
```

11.2.6　字段内容清洗

1. 过滤不需要的信息

过滤掉城市后面的具体区,使工作地点仅精确到具体的城市或者省份。

```
data['工作地点'] = data['工作地点'].map(lambda x:x.split('-')[0])
```

2. 提取数值

从招聘人数的字段里提取具体的招聘人数，如果为若干，则保留为若干。

```
def needman(x):
    if "若干" in x:
        return "若干"
    return re.findall('\d+',x)[0]
data['招聘人数'] = data['招聘人数'].map(needman)
```

3. 修改时间格式

删除时间格式不对的行，并重新建立索引。

```
def time_index(df):                      ♯定义一个方法,找出时间格式不对的索引
    indexlist = []
    for i,v in zip(df.index,df.values):
        if len(v) == 10 and len(re.findall("\d+-\d+-\d+",v)) == 1:
            continue
        else:
            indexlist.append(i)
    return indexlist
index = time_index(data['发布时间'])
data = data.drop(index = index).reset_index(drop = True)
```

4. 数值换算

（1）把薪酬统一换算成月（30 天）工资。

```
def avgsaraly(x):
    try:
        temp1 = x[-3:]
        temp2 = re.findall('\d+\.{0,1}\d{0,}',x)
        saralylist = [float(s) for s in temp2]
        avgsalary = sum(saralylist) / len(saralylist)        ♯取薪资范围的中位数
        if temp1[0] == '万':
            avgsalary = avgsalary * 10000
        elif temp1[0] == '千':
            avgsalary = avgsalary * 1000
        return str(avgsalary) + temp1[1:]
    except:
        return x
def saraly(x):
    try:
        x = x.split('/')
        saraly = float(x[0])
        if x[1] == '年':
            saraly = saraly/12
        elif x[1] == '元':
            saraly = saraly * 30
        return saraly
    except:
```

```
        return x
data['薪酬'] = data['薪酬'].map(avgsaraly).map(saraly)
```

（2）薪酬字段中"面议"或者其他不是浮点型的数据转化为空值。

```
index = []
for i,v in zip(data['薪酬'].index,data['薪酬'].values):
    if type(v) != float:
        index.append(i)
print(len(index))                                    # 查看长度
data['薪酬'].loc[index] = np.nan
data['薪酬'] = data['薪酬'].map(lambda x:round(float(x),2))   # 保留两位小数
```

（3）用均值填充空值。

```
median = np.nanmedian(data['薪酬'])        # 使用薪酬的中位数填充空值
data['薪酬'].fillna(median,inplace = True)
```

11.2.7　提取并增加特征值

1. 提取特征值

（1）提取任职要求。

将任职要求信息从职位信息中提取出来。

```
def job_demand(x):
    try:
        x = x.split('1')[2:][0]
        return '1' + x
    except:
        return np.nan
```

（2）提取职位描述信息。

将职位描述信息从职位信息中提取出来。

```
def job_describe(x):
    x = x.split('1')[:2]
    if len(x) >= 2:
        temp = "1".join(x)[:-5]
        return temp
    else:
        return "1".join(x)
```

2. 添加特征值

```
data['任职要求'] = data['职位信息'].map(job_demand)
data['职位描述'] = data['职位信息'].map(job_describe)
```

3. 删除不需要的特征值

```
data.drop('职位信息',axis = 1,inplace = True)
```

11.2.8 处理异常值

1. 查看数值型字段的统计描述

```
pd.set_option('display.float_format', lambda x: '%.2f' % x)
data[['薪酬']].describe()
```

查看的描述统计信息如图 11.8 所示。

	薪酬
count	40849.00
mean	14838.38
std	111837.33
min	0.17
25%	9000.00
50%	12500.00
75%	17500.00
max	22500000.00

图 11.8　查看"薪酬"基本统计描述

2. 检测异常值

```
ab_normal = data[['薪酬']].boxplot(return_type = 'dict',figsize = (8,6),fontsize = 15)
ab_normal = ab_normal['fliers'][0].get_ydata()
print('薪水异常值总数为:',ab_normal.size)
print('异常值占比为:',ab_normal.size * 100/data.shape[0]," %")
print('薪水最小异常值为:',ab_normal.min())
print('薪水最大异常值为:',ab_normal.max())
```

统计信息如图 11.9 所示。

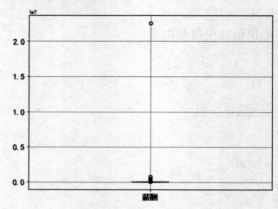

```
薪水异常值总数为:  1738
异常值占比为:  4.254694117359054 %
薪水最小异常值为:  30500.0
薪水最大异常值为:  22500000.0
```

图 11.9　查看"薪酬"异常值

3. 删除异常值

```
for i in set(ab_normal):
    data.drop(index = data[data['薪酬'] == i].index,inplace = True)
```

♯没有检测出最小值为 0.17 的异常值,因此这里扩大范围,将月薪小于或等于 1000 的数据删除

```
data.drop(index = data[data['薪酬']< = 1000].index, inplace = True)
data.reset_index(drop = True, inplace = True)      ♯重置索引
```

11.2.9 数据保存

读者需要掌握清洗的基本操作流程,其他的还有重复的数据清洗,就不再罗列。

1. 查看清洗后的数据形状

```
data.shape
(38929, 15)
```

2. 保存清洗干净后的数据

```
data.to_csv('clear_data.csv', index = None)
```

参 考 文 献

［1］ 罗刚.自己动手写网络爬虫(修订版)［M］.北京:清华大学出版社,2016.

［2］ TANENBAUM A S.计算机网络［M］.潘爱民,译.4 版.北京:清华大学出版社,2004.

［3］ LAWSON RI.用 Python 写网络爬虫［M］.北京:人民邮电出版社,2016.

［4］ 上野·宣.图解 HTTP［M］,于均良,译.北京:人民邮电出版社,2014.

［5］ 董付国.Python 程序设计［M］.北京:清华大学出版社,2015.

［6］ 戴维·I.施奈德.DAVIDI.SCHNEIDER.PYTHON 程序设计［M］.北京:机械工业出版社,2016.

［7］ 李东博.HTML5＋CSS3 从入门到精通［M］.北京:清华大学出版社,2013.

［8］ 胡艳洁.HTML 标准教程［M］.北京:中国青年出版社,2004.

［9］ 吴洁.XML 应用教程［M］.北京:清华大学出版社,2007.

［10］ 黄锐军.Ajax＋jQuery＋ASP.NET 编程实践教程［M］.北京:清华大学出版社,2014.

［11］ 吕冰.Web 程序设计实例教程［M］.河南:河南大学出版社,2015.

［12］ Paul J. Deitel,Harvey M. Deitel.JavaScript 程序员教程［M］.北京:电子工业出版社,2010.

［13］ M. Gudgin.XML 精要快速参考手册:XML,XPath,XSLT,XML Schema,SOAP［M］.北京:人民邮电出版社,2002.

［14］ 巴塞特.JSON 必知必会［M］.北京:人民邮电出版社,2016.

［15］ 舒宁,梁春艳.JavaScript 从入门到精通［M］.2 版.北京:清华大学出版社,2012.

［16］ ADAM FREEMAN.HTML5 权威指南［M］.北京:人民邮电出版社,2014.

［17］ 萧文龙.最新 TCP/IP 实用教程［M］.北京:中国铁道出版社,2001.

［18］ Simpson J E.XPath and XPointer—locating content in XML documents［M］.O'Reilly and Associates,Inc. 2002.

［19］ 池毓森,基于 Python 的网页爬虫技术研究［J］.信息与电脑,2021(21):41-44.

［20］ 关春银.Selenium 测试实践［M］.北京:电子工业出版社,2011.

［21］ 虫师.Selenium 3 自动化测试实战:基于 Python 语言［M］.北京:电子工业出版社,2016.

［22］ 汤子瀛,哲凤屏,汤小丹.计算机操作系统［M］.西安:西安电子科技大学.

［23］ 秦子实.Python 函数并行执行方法的研究与实践［J］.电脑知识与技术:学术版,2021.

［24］ 肖明魁.Python 语言多进程与多线程设计探究［J］.计算机光盘软件与应用,2014,17(15):2.

［25］ 杨济运,刘建勋,姜磊,等.基于协程模型的分布式爬虫框架［J］.计算技术与自动化,2014,33(3):8.

［26］ 李联宁.大数据技术及应用教程［M］.北京:清华大学出版社,2016.

［27］ 王永峰.Python 语言多进程与多线程设计探析［J］.数字化用户,2018,24(003):199-200.

［28］ 李俊丽.基于 Linux 的 Python 多线程爬虫程序设计［J］.计算机与数字工程,2015,43(5):4.

［29］ BenForta,福达,杨涛.正则表达式必知必会［M］.北京:人民邮电出版社,2015.

［30］ JeffreyE. F. Friedl.精通正则表达式［M］.北京:电子工业出版社,2009.

［31］ 李庆辉.深入浅出 Pandas:利用 Python 进行数据处理［M］.北京:机械工业出版社,2021.

［32］ 赵文杰,古荣龙.基于 Python 的网络爬虫技术［J］.河北农机,2020,266(08):67-68.

［33］ 杨辅祥,刘云超,段智华.数据清理综述［J］.计算机应用研究,2002,019(003):3-5.

图 书 资 源 支 持

感谢您一直以来对清华大学出版社图书的支持和爱护。为了配合本书的使用，本书提供配套的资源，有需求的读者请扫描下方的"书圈"微信公众号二维码，在图书专区下载，也可以拨打电话或发送电子邮件咨询。

如果您在使用本书的过程中遇到了什么问题，或者有相关图书出版计划，也请您发邮件告诉我们，以便我们更好地为您服务。

我们的联系方式：

教学资源·教学样书·新书信息

地　　址：北京市海淀区双清路学研大厦 A 座 714

邮　　编：100084

电　　话：010-83470236　010-83470237

资源下载：http://www.tup.com.cn

客服邮箱：tupjsj@vip.163.com

QQ：2301891038（请写明您的单位和姓名）

人工智能科学与技术
人工智能|电子通信|自动控制

资料下载·样书申请

书圈

用微信扫一扫右边的二维码,即可关注清华大学出版社公众号。